U0296747

间歇精馏技术及应用

The Technology and Applications of Batch Distillation

张海峰

（英）约翰·爱德华兹（John Edwards） 著

化学工业出版社

·北京·

内容简介

《间歇精馏技术及应用》简述了间歇精馏的作用和特点等，着重介绍了间歇精馏的热力学基础、间歇精馏塔的型式、间歇精馏塔的操作、间歇共沸精馏、间歇萃取精馏以及其他的特殊精馏方法，最后对常用的间歇精馏的计算机模拟软件进行了详细的介绍，并提供了几个典型的间歇精馏的计算机模拟案例供读者参考。

本书适合在工业生产中开展化工分离操作的技术人员、从事精馏研究的科研人员以及高等院校化工等相关专业的师生参考学习。

图书在版编目（CIP）数据

间歇精馏技术及应用 / 张海峰，（英）约翰·爱德华兹（John Edwards）著. -- 北京：化学工业出版社，2024.8（2025.4重印）. -- ISBN 978-7-122-45828-5

Ⅰ. TQ028.3

中国国家版本馆 CIP 数据核字第 20245L127Q 号

责任编辑：张　艳
文字编辑：陈小滔　王文莉
责任校对：赵懿桐
装帧设计：王晓宇

出版发行：化学工业出版社
　　　　　（北京市东城区青年湖南街 13 号　邮政编码 100011）
印　　装：北京机工印刷厂有限公司
787mm×1092mm　1/16　印张 11¾　字数 260 千字
2025 年 4 月北京第 1 版第 2 次印刷

购书咨询：010-64518888　　　　　售后服务：010-64518899
网　　址：http://www.cip.com.cn
凡购买本书，如有缺损质量问题，本社销售中心负责调换。

定　　价：128.00 元　　　　　　　版权所有　违者必究

"The struggle you are in today，is developing the strength you need for tomorrow."

孟子曰："故天将降大任于是人也，必先苦其心志，劳其筋骨，饿其体肤，空乏其身，行拂乱其所为，所以动心忍性，曾益其所不能。"

In Memory of John Edwards.

在本书撰写期间，John Edwards 先生突发疾病离世，谨以此书纪念他。

前　言

精馏是一门非常古老的分离技术，最典型的就是酒的制作。在2000多年前，人类的祖先就开始使用精馏技术制作酒了。直到21世纪的今天，精馏在现代化工分离领域仍然占有绝对主导的地位。起初的精馏过程都是间歇式的，但是随着时代的发展，特别是汽车的逐步普及促使石油化学工业在20世纪飞速发展，作为石油提炼基础的连续精馏逐步取代间歇精馏成为石油化工和大宗化学品生产的核心分离工艺。现在，几乎国内外所有的教材和书籍在讲解精馏的时候都是以连续精馏为基础的，作为精馏起源的间歇精馏变得淡化了。随着社会的逐步发展，人们对于特种化学品，包括医药、农药、添加剂、催化剂、表面活性剂等特殊化学品的需求逐步增大。这些产品的特点是种类繁多，不断推陈出新，但是产量都不是很大，而且为了节约成本，很多产品都需要在同一个设备里进行反应或分离。显然，这些操作使用间歇方法更为经济。间歇精馏作为一个使用范围极广的化工分离手段，在20世纪末开始了强势回归。

在实验室里，90％以上的精馏设备是采用间歇式的。在医药和精细化工行业的工厂里，大部分的精馏塔也是使用间歇方式进行操作的。间歇精馏虽然和连续精馏的原理完全相同，但是在具体的操作上有很大的不同。间歇精馏是非稳态的，过程的变量（比如温度、压力、组成等等）的变化除了和空间位置有关外，还会随着时间的变化而变化。这就使得间歇精馏比连续精馏更加复杂。这不仅仅表现在间歇精馏过程的数学模型更加复杂，还表现在过程的计算方法和应用也有很大的不同。连续精馏的许多常用的概念和操作无法在间歇精馏上直接使用。笔者在给国内的许多医药和化工企业做精馏工艺开发和改进的过程中，也了解到工厂的工程师和操作人员对于间歇精馏的基础理论知识和实际应用有很多的误解和不足。

本书对间歇精馏进行比较系统的论述，首先从热力学的基础理论入手，推导间歇精馏的基础数学模型，然后结合间歇精馏塔的物料和能量衡算，对间歇精馏操作进行详细的论述和解释。因为间歇精馏的数学模型比较复杂，国外普遍使用计算机进行间歇精馏的模拟，这样可以大大提高精馏工艺开发和优化的效率。但是在国内，间歇精馏的计算机模拟应用非常稀少，完全不能满足广大医药和精细化工企业的要求。本书的第8章详细介绍间歇精馏的计算机模拟，包括相关的软件和应用。通过一系列的工艺案例介绍间歇精馏的计算机模拟和它带来的极大效率。本书也初步介绍间歇精馏的动态模拟和控制方案，以期对广大的读者在实际的工艺开发和过程优化工作中有所帮助。

因为间歇精馏的基础是化工热力学，所以有关热力学平衡的概念和方程，比如化学位、逸度、吉布斯自由能、焓、熵等不可避免地需要用到很多高等数学的知识。虽然很多企业开始使用计算机模拟进行精馏的设计和优化，但是如果没有一定的热力学基础，在计算机模拟最关键的热力学模型的选择上就会很茫然，或者做出错误的选择。这样会导致精馏的模拟出现很大的偏差，甚至是完全错误的结论。如果部分读者没有这方面的基础，本书的内容则提供了这部分热力学知识的简介。限于篇幅，不可能把每个热力学概念都做很详细的说明。如果想了解更多，读者可以根据个人需要参考有关热力学方面的专著。

本书是作为化学工程师的我们为化学工程的从业者或者化学工艺的学生和读者编写的。相比其他的书籍，我们更加注重实用性，所以对于大部分的内容，我们都试图通过具体的案例和有工业化背景的工艺来进行说明。

上海擎胺新材料科技有限公司拥有一流的现代化实验室和各类反应装置，精馏分离和分析设备，以及经验丰富的化学、化工和分析人才，致力于为客户提供基础化工、精细化工和制药行业的反应，分离过程的工艺开发、工艺改进和工艺放大的服务。P&I Design 成立于1978 年，以英国为基地，四十多年来一直为各类化工企业提供全面的工程服务，从最初的概念设计、详细设计、工艺优化和开车服务，到计算机模拟、远程控制和云服务。两家公司携手为全球的客户提供反应和精馏过程的实验、工艺放大、计算机模拟服务和工程设计服务。我们真诚地希望能和全球客户共同成长。

张海峰 博士   John Edwards
上海擎胺新材料科技有限公司   英国 P&I Design Ltd
zhangh@greenamines.com

2024 年 8 月

目　录

第1章
绪论

在现代化工生产过程中，分离起着极其重要的作用。虽然反应器仍是化工厂的核心，但是反应前后的分离过程，包括原材料的处理、反应物的分离和提纯所占的投资和运行费用往往超过反应过程，通常可以占到一个化工厂总费用的 $50\%\sim90\%$[1]。反应和分离是一个化工厂最主要的两个工艺过程，但二者不是独立的，而是一个承上启下、相互关联、相互影响的整体。如果反应的工艺不是很好，反应过程中就会产生很多的杂质。这会给下游的分离操作带来极大的困难，甚至无法得到符合纯度要求的产品。另一方面，反应的原料往往也是上游分离过程的产品。如果分离过程中不能把杂质有效地去除，就会对反应造成重大的影响。这在催化反应中尤其明显，因为微量的杂质就能使催化剂失活或降低其使用寿命。随着化学工程技术的不断进步，分离技术也是多元化的。常规的分离技术包括精馏、结晶、吸附、萃取、膜分离等等。其中，精馏仍是应用最广泛、技术最成熟的化工分离技术，在工业生产中占有举足轻重的地位。

精馏是分离液体混合物的典型单元操作，它是利用混合物里各个组分挥发度的差异进行分离的。把一个混合物料进行加热蒸发，挥发度高的轻组分会优先蒸发出来。蒸汽冷凝后，凝液中轻组分的含量就会提高，而剩余的液体里重组分的含量也会相应提高。如果对冷凝液再次加热蒸发，轻组分的含量会进一步提升。如此往复进行部分蒸发和部分冷凝的操作，挥发度不同的轻组分和重组分就实现了分离。

间歇精馏指的是分批进行的精馏过程。传统的间歇精馏操作一开始是把所有待分离的物料一次性加入精馏塔釜中，对塔釜进行加热使物料部分汽化，经过精馏塔节逐步蒸发和冷凝，直到上升到塔顶。塔顶的蒸汽经过冷凝后，一部分作为产品采出，而其余的则返回到精馏塔中提供必要的回流。等到塔顶的产品纯度不再能达到纯度要求，或者塔釜的物料量过低的时候，塔釜物料一次性排出，然后可以进行下一批的精馏操作。和石化行业应用广泛的连续精馏相比，间歇精馏有如下的优点。

① 间歇精馏只采用单台精馏塔就可以对混合物中不同的组分进行分离。如果采用连续精馏，分离一个有 N 个组分的混合物则需要有 $N-1$ 个精馏塔。另外，连续精馏塔可调节的操作范围非常窄，基本上都是为了一个比较固定的进料组成和进料速度而设计的。如果进料组成发生重大变化，或者分离要求发生大的改变，连续精馏塔就无法达到分离要求或者设计的产量。但是，间歇精馏塔则完全不受此限制。

② 对于小批量，或者有季节需求的产品，单台精馏塔就能够分离不同种类的产品，而且可以根据纯度和产量的要求灵活调节。

③ 如果待分离物料含有固体或者黏性较大的高沸物，采用连续精馏操作的话，则很容易堵塞管路和塔器，但是采用间歇精馏可以把固体和高沸物控制在精馏塔釜里，在每批操作结束的时候可方便地移除。

④ 因为间歇精馏是一批一批进行的，这样可以很方便地追溯每一批产品的来源，这对于医药、食品等有着严格的质量控制和源头可溯性要求的产品是必要的。

根据这些特点，间歇精馏特别适合高附加值、低产量的特殊化学品，比如药品、添加剂、催化剂等等。进入 21 世纪，随着人们生活水平的不断提高，对特殊、定制化的精细化学产品的需求越来越大，这就使得间歇精馏的应用越来越广。

第2章
间歇精馏的热力学基础

2.1　相平衡的条件

精馏分离是基于混合物里不同组分的相对挥发度不同而进行的。在混合物里，同一个组分在处于热力学平衡的两相（气相和液相）中的分配是不同的。举例而言，一个含有甲醇和水的二元混合物，在一定的温度和压力下处于平衡状态（图2.1）。如果我们分别在气相和

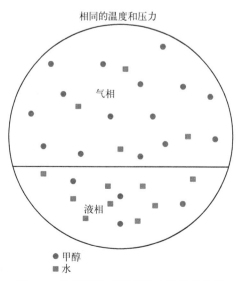

图 2.1　气液平衡下混合物中组分的分配

液相里取样进行分析，会发现甲醇和水在气液两相里的浓度是不同的。在温度相同的情况下，因为甲醇的蒸气压高，它是易挥发组分；水的蒸气压低，是难挥发组分。易挥发的甲醇在气相中的浓度比液相中更高，说明甲醇在气相中富集。反之，难挥发的水在液相中的浓度更高，说明水在液相中富集。分离过程就是利用物料的某些物理化学性质的不同而进行的，而精馏过程就是利用了混合物里每个组分在不同相（气液相）里的分配不同。

在实际的生产过程中，仅仅知道易挥发组分在气相里富集，难挥发组分在液相里富集是不够的。进行精馏操作的工程技术人员需要知道，在任意操作条件下每个组分在每个相里的真实浓度，以及这些浓度随着操作条件的变化而变化的情况。这样才能对分离设备进行准确的设计以及对精馏工艺进行有效的开发。因为精馏是基于相平衡的分离过程，那么了解一个体系相平衡的条件就不可或缺。

按照热力学的理论，一个体系达到热力学平衡的条件就是体系里各个相的温度和压力相同，而且每一个组分在各个相（气、液、固）的化学位（chemical potential）相同。在精馏中，一般只涉及气-液两相或气-液-液三相，这就要求在气相、液相1和液相2里各个组分的化学位（μ）相同。

$$\mu_i^g = \mu_i^{l_1} = \mu_i^{l_2} \tag{2.1}$$

式中　i——混合物里的第 i 个组分；

　　　g——气相；

　　　l_1——液相1；

　　　l_2——液相2。

化学位的概念和大家熟悉的水位或者电位的概念很相似。现实中，水总是自发地从高水位向低水位流动，电流也总是自发从高电位向低电位流动。同理，化学物质也总是自发地从高化学位向低化学位转移，化学位是一个传质过程最根本的推动力。对于精馏而言，在气液混合的两相里，混合物里的某个组分 i，如果在气相里的化学位高，在液相里的化学位低，那么该组分就会自发地从气相迁移到液相。这种迁移同时也造成气相的化学位逐渐降低，而液相的化学位逐渐升高。这种自发的迁移会一直持续进行，直到气相里该组分的化学位和液相里的化学位相同的时候，系统就达到了动态平衡，即每一相中的组分 i 的浓度不再随时间的变化而变化。

如何表征一个组分的化学位呢？在温度和压力一定的条件下，如果在一个混合体系里添加极少量的某个组分 i，那么这个体系的某种能量（准确说就是吉布斯自由能）就会增加。吉布斯自由能的增加量和添加的组分 i 的物质的量的比值就表示加入单位摩尔组分 i 所增加的吉布斯自由能。这个值就是组分 i 的化学位，也就是组分 i 在一定温度和压力下的偏摩尔吉布斯自由能。吉布斯自由能（G）是一个体系的状态函数，其数值只和体系的状态有关，而和达到此状态所经历的过程无关。当一个体系的状态确定了，体系的吉布斯自由能就确定了。从物理化学的知识，我们知道如果一个体系在温度和压力固定的情况下进行某种变化过程，其中吉布斯自由能的变化就决定了该变化能否自发进行。当吉布斯自由能的变化小于零，该过程就能够自发进行。当吉布斯自由能的变化大于零，该过程不能自发进行。当吉布斯自由能的变化等于零，该体系处于平衡状态。化学位正是吉布斯自由能变化的一个体现。

$$\mu_i = \left(\frac{\partial G}{\partial n_i}\right)_{T,P,n_j} \tag{2.2}$$

在温度和压力都发生变化的条件下，某一个组分 i 的化学位，即单位摩尔的吉布斯自由能的变化可以由下面的方程来计算。

$$\mathrm{d}\mu_i = -S_i\mathrm{d}T + V_i\mathrm{d}P \tag{2.3}$$

因为任何一个组分的熵（S）和体积都是大于零的。在等温条件下，组分的化学位会随着压力的升高而增加；在等压条件下，组分的化学位会随着温度的升高而降低。图 2.2 中显示的是气态和液态的水在等温下随压力的变化以及在等压下随温度的变化情况[2]。

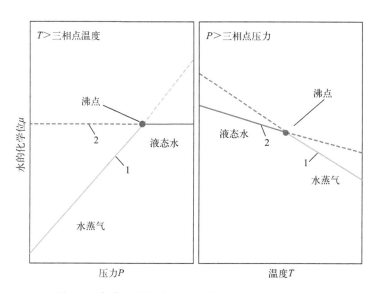

图 2.2　气态和液态水的化学位随压力和温度的变化

图 2.2 中线 1 是气相的化学位，线 2 是液相的化学位。注意两条直线是相交的。在图左边温度固定的条件下，在高压的时候，水以液体存在，因为液态的化学位低。当体系的压力逐渐降低，在交点以后，液态水会自发地变成气态，因为气态水的化学位更低。同理，在图 2.2 右边压力固定的情况下，在低温下，水以液体存在，因为此时液态的化学位更低。但是，当体系的温度逐渐升高的时候，高于交点以后，液态水也会自发地变成气态，同样因为在高温下气态的化学位更低。图中的虚线是未发生相变的情况下的化学位。

虽然化学位相等是衡量相平衡最直观的条件，但是化学位却在实际的工程计算中不方便使用。首先，它的值不容易测量。另外，一个体系在压力很低的情况下其热力学行为会接近理想气体。此时，其化学位会趋近负无穷大，这在数学计算中很难进行处理。一般的相平衡的工程计算中都使用另外一个物理性质——逸度（fugacity）来替代化学位。逸度是美国著名化学家吉尔伯特·路易斯（也是著名的路易斯酸碱理论的创立人）对热力学的一个重大贡献。

对于理想气体，在温度不变的情况下，可得到方程式(2.4)

$$\mathrm{d}\mu_i = V\mathrm{d}P = RT\mathrm{d}(\ln P_i) \tag{2.4}$$

其化学位的变化可以由方程式(2.4) 积分得到

$$\mu_i - \mu_i^0 = RT\ln\left(\frac{P_i}{P_i^0}\right) \tag{2.5}$$

对于真实的气体，路易斯借用了上述理想气体计算化学位方程式的简洁性，定义了一个新的概念——逸度，来计算真实气体的化学位。逸度这个词是英语翻译过来的概念，指的是某组分从一个体系"逃逸"出去的倾向。某组分的逸度高说明该组分有更高的倾向逃离该体系，进入逸度低的体系。真实气体的化学位由方程式(2.6) 来计算，把压力换成了逸度[3]。

$$\mathrm{d}\mu_i = RT\mathrm{d}(\ln f_i) \tag{2.6}$$

对于积分的边界条件，定义在压力趋于零的时候，其逸度和压力相同。

$$\lim_{P \to 0} \frac{f_i}{P_i} = 1 \tag{2.7}$$

对于理想气体而言，某个组分的逸度和压力相同。但是，对于真实气体，其逸度等于和其化学位相同的理想气体的压力。图2.3对此进行了准确的解释。图2.3中的实线是真实气体的化学位在一定温度下随压力的变化曲线，而虚线是理想气体（即没有任何分子间作用力，而且分子本身也不占有任何体积）的化学位随压力的变化曲线。在某个压力 P' 下，该气体的化学位可以通过 B 点确定。与 B 点化学位相同的理想气体在 C 点，C 点所对应的压力 $f(P')$，就是该真实气体在这个温度和压力下的逸度。

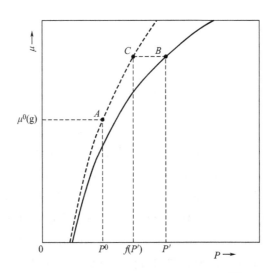

图2.3　真实气体的逸度随压力的变化[3]

逸度的单位和压力的单位相同，可以看成是在计算化学位时对真实气体修正的压力。但是需要说明的是，逸度的引入纯粹是为了计算真实气体的化学位，所以逸度并不是一个物质的固有物性，只是一个计算值。例如，逸度并不像普通的压力一样具有加和性，即一个混合物中每一个组分的逸度之和不等于总逸度。

我们已经知道一个体系达到相平衡的条件是所有组分在每一个相里的化学位相同。

$$\mu_i^1 = \mu_i^2 = \mu_i^3 = \cdots = \mu_i^n \tag{2.8}$$

在引入了逸度的概念以后，每一个组分的化学位都可以用逸度计算。

$$\mu_i^1 - \mu_i^0 = RT\ln\left(\frac{f_i^1}{f_i^0}\right)$$

$$\mu_i^2 - \mu_i^0 = RT\ln\left(\frac{f_i^2}{f_i^0}\right)$$

$$\cdots \tag{2.9}$$

$$\mu_i^n - \mu_i^0 = RT\ln\left(\frac{f_i^n}{f_i^0}\right)$$

在满足方程式(2.7) 的情况下，相平衡的条件变成：

$$f_i^1 = f_i^2 = f_i^3 = \cdots = f_i^n \tag{2.10}$$

即在相平衡的时候，某组分 i 在每一个相中的逸度相同。采用逸度相同作为相平衡条件和使用化学位同样简单，但是巧妙地避开了数学上处理的难题。在压力趋于零、系统趋近理想气体的时候，组分的逸度也趋近于零。这在进行积分计算的时候作为边界条件非常简单。

对于精馏而言，相平衡的条件就变成了混合物里的每一个组分在气液两相里的逸度相同。

$$f_i^{\text{vap}} = f_i^{\text{liq}} \tag{2.11}$$

如果液体又分为两相，那么相平衡的条件是每一个组分在每一个相（气、液相 1、液相 2）中的逸度都相同。在平衡条件下，液相分离成三相或更多相是存在的，但是在精馏过程中极难接触到，所以就不再详述[4]。

$$f_i^{\text{vap}} = f_i^{\text{liq1}} = f_i^{\text{liq2}} \tag{2.12}$$

精馏中的相平衡就变成了求解处于平衡状态的气液相里各个组分的逸度的问题。

2.2 气相混合物的热力学描述

遗憾的是逸度也不能直接进行测量，如何由可以直接测量的物性（温度、压力、体积等等）来表达逸度呢？对于气相而言，逸度可以看成是对压力的修正，通过引入逸度系数可以把逸度和该组分的分压联系起来。

$$\phi_i = \frac{f_i}{P_i} \tag{2.13}$$

逸度系数定义为组分 i 的逸度和其分压的比值，用来描述其逸度和真实分压的偏离程度。之所以采用逸度系数而不是逸度本身，是因为逸度系数的变化范围要比逸度小得多。P 是系统的总压，y_i 是组分 i 在气相中的摩尔分数，P_i 是组分 i 的分压，ϕ_i 是组分 i 的逸度系数。那么，气相中组分 i 的逸度可以由下面的方程计算：

$$f_i^{\text{vap}} = P_i\phi_i = Py_i\phi_i \tag{2.14}$$

根据逸度的定义，

$$d\mu_i = RT d(\ln f_i) \ (\text{温度恒定}) \tag{2.15}$$

把逸度的表达式（2.14）代入方程式（2.15），经过数学推导[5]，然后进行积分，可以得出

$$\ln\phi_i = \int_0^P \left[\frac{P}{RT}\left(\frac{\partial V}{\partial n_i}\right)_{T,P,n_{j\neq i}} - 1 \right] \frac{dP}{P} \tag{2.16}$$

为了求解方程式（2.16），我们必须要知道气相的 P、V、T 的变化情况。这一般由真实气体的状态方程进行描述，所以通过真实气体的状态方程和合理的混合规则，我们就可以求解一个气相混合物里任意组分 i 的逸度系数，从而计算出该组分在气相中的逸度。

精馏过程中最常用的气体的状态方程包括 SRK 方程、Peng-Robinson 方程、BWRS 方程等。图 2.4 和图 2.5 是使用 Aspen Plus 里的 Peng-Robinson 方程计算的甲烷在不同的混合体系（庚烷和乙烷）中的逸度系数在温度 300 ℃下随压力的变化情况。通过计算结果，可以清楚地看出在混合物里，一个组分的逸度不但与温度和压力有关，而且也和混合物的组成有关。

在常压或减压精馏中，因为体系的压力不高，组分的逸度系数偏离理想气体的程度很低，时常可以把逸度系数简化为 1。这样，对气相的逸度的计算量大大降低，但是对结果的影响并不大。很多商业计算机软件里，包括 Aspen Plus、Chemcad 等，对于低压下气相逸度的计算都采用这种简化的方法。

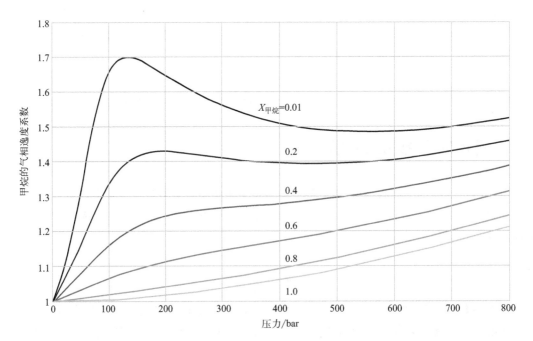

图 2.4　甲烷在甲烷-庚烷体系的逸度系数随组成和压力的变化曲线

（1 bar＝0.1 MPa）

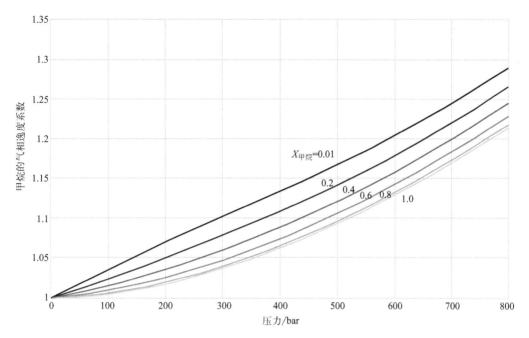

图 2.5　甲烷在甲烷-乙烷体系的逸度系数随组成和压力的变化曲线

2.3　液相混合物的热力学描述

2.3.1　液相组分的逸度和活度系数

通过真实气体的状态方程，我们可以方便地计算一个气液平衡系统里气相里任意组分的逸度，那么如何计算液相里这些组分的逸度呢？

在热力学计算中，通常有 2 种方法。一种是逸度法，参照气相的逸度计算方法，找到一个可以准确描述液相的状态方程，然后按照前一节的逸度系数计算方法，计算组分在液相中的逸度。但是，到目前为止，一个能同时准确描述气态和液态体系不同性质的状态方程几乎不存在。某个状态方程可以对某些性质（比如密度）做足够精确的预测，但是却不能准确预测其他的性质（比如焓）。因此在使用逸度法进行计算的时候就需要使用不同的状态方程，计算显得异常复杂和繁琐。在工程计算中，除了高压下非极性的烃类（比如石油里的组分）可以使用状态方程计算组分在液相中的逸度系数有比较高的准确性外，逸度法的应用极为有限。

另外一种通常使用的方法是活度法。使用活度法计算液相混合物里某组分的逸度需要引入一个新的概念，理想液体，作为计算其逸度的基准状态。这和计算气相组分逸度的时候采用理想气体作为其基准状态是类似的。

从分子层面来看，理想液体定义为混合物里各个组分之间的分子间作用力完全相同。请注意这和理想气体的定义不同。对于理想气体，各个组分的分子不占有任何体积，而且分子之间没有任何分子间作用力。但是，在理想液体里，各个组分的分子之间的作用力是真实存在的（毕竟分子间作用力是造成组分更紧密地结合在一起形成液体的原因），但是简化为分子间作用力都是相同的。对于最简单的含有 2 个组分 A 和 B 的二元混合物而言，就是 A-B 之间的分子作用力和纯组分 A-A 和 B-B 之间的分子作用力完全相同。这种不同分子之间具有相同的分子作用力表现在宏观层面上，就造成了几个纯物质在混合以后有以下物性的变化。

$$\Delta V_{\text{mix}}^{\text{ideal}} = V_{\text{mix}}^{\text{ideal}} - \sum_i x_i V_i^0 = 0 \tag{2.17}$$

$$\Delta H_{\text{mix}}^{\text{ideal}} = H_{\text{mix}}^{\text{ideal}} - \sum_i x_i H_i^0 = 0 \tag{2.18}$$

$$\Delta S_{\text{mix}}^{\text{ideal}} = -R \sum_i x_i \ln x_i \tag{2.19}$$

$$\Delta g_{\text{mix}}^{\text{ideal}} = RT \sum_i x_i \ln x_i \tag{2.20}$$

式中 V_i^0、H_i^0——纯组分 i 的摩尔体积和焓；

x_i——组分 i 在混合物里的摩尔分数；

$V_{\text{mix}}^{\text{ideal}}$、$H_{\text{mix}}^{\text{ideal}}$——单位摩尔理想液体混合物的体积和焓；

$\Delta V_{\text{mix}}^{\text{ideal}}$、$\Delta H_{\text{mix}}^{\text{ideal}}$、$\Delta S_{\text{mix}}^{\text{ideal}}$、$\Delta g_{\text{mix}}^{\text{ideal}}$——理想液体混合后的摩尔体积、焓、熵和吉布斯自由能的变化。

从式(2.17)~式(2.20)看，对于理想液体而言，每个纯组分的简单体积加和与混合后形成的混合物的总体积相同，没有体积的变化。组分加和形成混合物的过程中也没有混合的热效应。理想液体纯组分混合后的单位摩尔的熵变和吉布斯自由能的变化和理想气体混合的熵变和吉布斯自由能的变化的公式几乎完全相同。

基于理想液体和理想气体在混合过程中熵变和吉布斯自由能变化的相似性，我们可以推断适用于理想气体的化学位方程同样也适用于理想液体：

$$\mu_i^{\text{ideal}} - g_i^{\text{ideal}} = RT \ln x_i = RT \ln\left(\frac{\hat{f}_i^{\text{ideal}}}{f_i^{\text{ideal}}}\right) \tag{2.21}$$

由方程式(2.21)，我们可以容易看出

$$\hat{f}_i^{\text{ideal}} = x_i f_i^{\text{ideal}} \tag{2.22}$$

式中 $\hat{f}_i^{\text{ideal}}$——组分 i 在理想液体混合物里的摩尔逸度；

f_i^{ideal}——纯组分 i 的摩尔逸度。

这就意味着理想液体混合物里组分 i 的化学位和其在混合物里的组分呈线性关系。这也很容易理解，既然理想液体中各个组分的相互作用力完全相同，那么某组分的化学位只取决于其在混合物中的摩尔分数。方程式(2.22)也被称为路易斯逸度定律。

在实际的工程计算过程中，根据组分 i 在液体混合物里的浓度不同，其逸度的基准状态有 2 种选择。图 2.6 显示了一个二元混合物中组分 a 的逸度在某温度和压力下随其浓度的变化曲线。从曲线的曲度看，逸度曲线在 2 个区域内符合路易斯定律，即组分 a 的逸度和其组分呈线性关系。

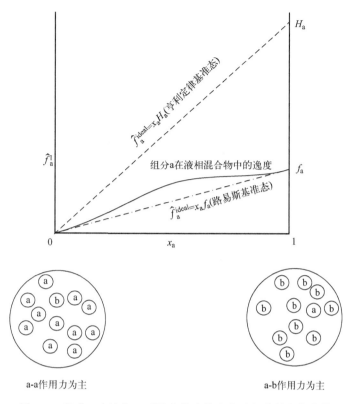

图 2.6 组分 a 在液相二元混合物中的逸度随组成的变化曲线

一个区域是 a 的摩尔分数趋于 1 的时候，那么该逸度计算的基准选择就是该组分的纯组分，这称为路易斯基准态。组分 a 的逸度和其摩尔分数之间的线性常数就是该纯组分的逸度。这个值是由组分 a 之间的分子作用力，即 a-a 作用力决定。这对于该组分在混合物中的含量高的时候比较适合。

$$f_a^{\text{ideal}} = f_a \tag{2.23}$$

另外一个区域是组分 a 的摩尔分数趋于 0 的时候。此时，该组分的逸度也和其组分的摩尔分数呈线性关系，但是其线性常数不同于上一种，称为亨利定律基准态。这个线性常数就是亨利常数。这种理想液体的基准更适合于组分 a 在极端稀释的情况下使用。通常气体（比如氮气和氢气等）在液体中的溶解度很低，此时计算这些组分在液体中的逸度使用亨利定律更合适。

$$f_a^{\text{ideal}} = H_a \tag{2.24}$$

H_a 是亨利常数，这个值主要是由组分 a 和组分 b 之间的相互作用力，即 a-b 作用力决定，因为在极端稀释的条件下，组分 a 的周围几乎全部是组分 b。需要注意的是，亨利常数和系统有关。如果混合物的系统发生了变化，那么亨利常数就会发生改变。

为了方便地计算组分 a 在任何浓度下的逸度，引入活度系数的概念。

$$\gamma_a = \frac{\hat{f}_a^l}{\hat{f}_a^{\text{ideal}}} = \frac{\hat{f}_a^l}{x_a f_a^0} \tag{2.25}$$

　　活度系数定义为组分 a 在混合物里的真实逸度和一个假想的理想液体在相同的温度、压力和组成条件下的比值。这和前面为了计算真实气体的某些热力学性质引入逸度系数的原理是相同的。活度系数表征的是组分 a 在液体混合物里的真实逸度偏离理想液体逸度的程度。

　　因为活度系数是组分 a 的真实逸度和理想液体的比值，所以活度系数的值和理想液体的选择有关系。从图 2.6 可以清楚地看出，如果选用纯组分作为基准，组分 a 的活度系数会大于 1，相反，如果选用亨利定律作为基准，活度系数则会小于 1。事实上，通过热力学推导，这 2 种活度系数，一种基于路易斯基准态，一种基于亨利定律基准态，可以由下面的公式联系起来。

$$\gamma_a^{\text{Lewis}} = \gamma_a^{\text{Henry}} \gamma_a^{\infty} \tag{2.26}$$

　　在工程计算中，液相组分的活度系数通常由该组分的偏摩尔超额吉布斯自由能（excess Gibbs free energy）的方程来计算。根据热力学定义，超额吉布斯自由能是指某组分 i 的真实偏摩尔吉布斯自由能和假设该混合物是理想液体时的偏摩尔吉布斯自由能的差值。通过推导，我们可以得出如下的热力学关系：

$$\overline{G_i^{\text{E}}} = \overline{G_i} - \overline{G_i^{\text{ideal}}} = \mu_i - \mu_i^{\text{ideal}} = RT \ln \frac{\hat{f}_i}{\hat{f}_i^{\text{ideal}}} = RT \ln \gamma_i \tag{2.27}$$

式中　$\overline{G_i^{\text{E}}}$ ——组分 i 的单位超额偏摩尔吉布斯自由能；

　　　$\overline{G_i}$ ——纯组分 i 的单位摩尔吉布斯自由能；

　　　$\overline{G_i^{\text{ideal}}}$ ——组分 i 在理想液体混合物里的单位摩尔吉布斯自由能；

　　　γ_i ——组分 i 的活度系数。

　　方程式（2.27）表明，一个混合物里组分 i 的活度系数可以由该组分的超额偏摩尔吉布斯自由能来计算。一个体系的活度系数和其组分浓度密切相关，这种关系一般只能根据实际测量的实验数据进行回归。对于一个有多个组分的复杂混合物，每一个组分的活度系数都需要进行实验数据的回归，这会使得计算变得非常麻烦。但是，方程式（2.28）指明了一个更为简便的计算混合物体系里组分 i 活度系数的方法。如果能够找到一个合理的表达式计算整个混合物体系的超额吉布斯自由能，只要对混合物的超额吉布斯自由能对各个组分在固定的温度和压力下进行微分，就能计算出混合物里所有组分的偏摩尔吉布斯自由能，进而计算出该组分的活度系数。

$$g^{\text{E}} = \sum x_i \overline{G_i^{\text{E}}} = \sum x_i \left(\frac{\partial G^{\text{E}}}{\partial n_i} \right)_{n_j \neq n_i, T, P} = RT \sum x_i \ln \gamma_i \tag{2.28}$$

式中　g^{E} ——单位摩尔混合物的超额吉布斯自由能。

2.3.2　吉布斯-杜亥姆方程

　　在前一节，我们知道一个混合物体系的某组分 i 的活度系数可以由该组分的超额偏摩尔吉布斯自由能来计算。但是，该混合物里的各个组分的活度系数是否是完全独立的呢？

　　从吉布斯自由能的定义出发，吉布斯和杜亥姆发现一个混合物里各个组分的化学位（或偏摩尔自由能）之间有如式(2.29) 的关联：

$$\sum_i n_i \mathrm{d}\mu_i = 0 \,(\text{恒温-恒压下}) \tag{2.29}$$

这就是著名的吉布斯-杜亥姆方程，它表明了一个混合物里各个组分的化学位并不是完全独立的。

利用方程式(2.27)，混合物里某组分的活度系数和其超额偏摩尔吉布斯自由能的关系，经过推导，可以得出：

$$\sum_i x_i \mathrm{d}\ln\gamma_i = 0 \,(\text{恒温-恒压下}) \tag{2.30}$$

吉布斯-杜亥姆方程表明一个混合物中各个组分的活度系数不是完全独立的，必须满足方程式(2.30)。

对于最常用的二元混合物（含有 a 和 b 两个物质）而言，上述方程式变为：

$$x_a \left(\frac{\partial \ln\gamma_a}{\partial x_a}\right)_{T,P} + (1 - x_a)\left(\frac{\partial \ln\gamma_b}{\partial x_a}\right)_{T,P} = 0 \tag{2.31}$$

吉布斯-杜亥姆方程最广泛的用途是对实验测量的活度系数值进行评估。如果利用超额吉布斯自由能和活度系数的关系和吉布斯-杜亥姆方程，然后对组分 a 从摩尔分数 0（即纯 b）到 1（即纯 a）进行积分，我们就可以得到

$$\int_0^1 \ln\left(\frac{\gamma_a}{\gamma_b}\right)\mathrm{d}x_a = 0 \tag{2.32}$$

方程式(2.32) 一般用来对实验测定的活度系数进行热力学一致性检验。在一个二元混合物中，两个组分的活度系数比值的对数对组分的摩尔分数作图，如果测量的数据足够准确，那么这个对数曲线在整个浓度范围内的总面积应该接近于 0。也就是说，对数大于 0 的部分的面积和对数小于 0 的部分的面积应该大致相等。图 2.7 是实测的乙醇-甲苯体系的活度系数比值的对数值对乙醇的摩尔分数的曲线[6-10]。大于 0 的部分的面积是 0.161，小于 0 的部分的面积是 0.185，该测量值的相对误差为 6.8%。一般而言，误差在 2% 以内才能视为符合热力学一致性[11]。可见，乙醇-甲苯体系的实验值并不符合热力学一致性。

在实际的精馏工艺过程开发过程中，我们往往需要先查阅文献，得到一些前人已经测量的实验数据。但是，这些数据并不能直接使用或进行模型的参数回归，需要首先做一下热力学一致性验证才能使用。否则，就会造成较大的误差，甚至完全错误的结论。商业计算机模拟软件 Aspen Plus 里的参数回归中自动带有上述的面积测试功能，可以对文献查阅或实验测量的活度系数进行热力学一致性检验。

2.3.3　使用 g^E 的活度系数模型简介

从上面的讨论看，如果想得到一个超额吉布斯自由能和浓度变化的通用方程，那么该方程必须满足以下 2 个条件：

① 对于一个含组分 a 和 b 的二元体系，如果选用各自的纯组分作为理想液体的基准

态，即路易斯基准态，那么在每个组分的摩尔分数为1的时候，就是理想液体，每个组分的超额吉布斯自由能的值为零，总的超额吉布斯自由能也是零。

$$g^{E} = 0 \begin{cases} x_{a}=1, x_{b}=0 \\ x_{b}=1, x_{a}=0 \end{cases} \tag{2.33}$$

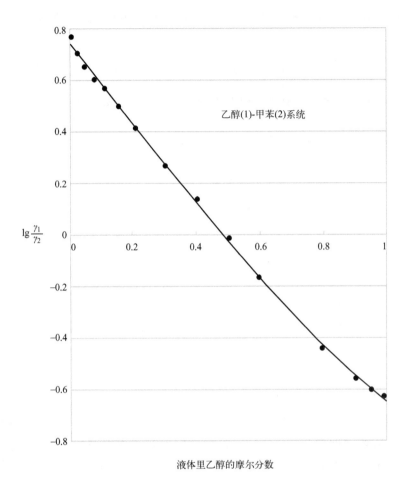

图 2.7　乙醇-甲苯实测的活度系数值的热力学一致性检验[10]

② 该方程必须满足吉布斯-杜亥姆方程。

1895 年，奥地利化学家和数学家 Max Margules 提出的第一个最简单的基于超额吉布斯自由能的活度系数模型，即 Margules 方程，如方程式(2.34) 所示[12]。

$$g^{E} = A x_{a} x_{b} \tag{2.34}$$

显然，Margules 方程符合第一个条件。如果稍加推导，就会发现它也符合吉布斯-杜亥姆方程[6]。Margules 方程简单实用，但是对一些偏离理想液体很多的体系误差会很大。人们在上述方程的基础上又提出了各种各样的复杂的活度系数模型。表 2.1 列举了几个常用的活度系数模型。为简单起见，只列出了二元体系的模型方程。除了列表的活度系数模型，还有 UNIQUAC、UNIFAC 等其他常用的活度系数模型。

表 2.1　常用的基于 g^E 的活度系数模型

模型	g^E	$RT\ln\gamma_a$	$RT\ln\gamma_b$
两参数 Margules 模型	Ax_ax_b	Ax_b^2	Ax_a^2
三参数 Margules 模型	$x_ax_b\left[A+B(x_a-x_b)\right]$	$(A+3B)x_b^2-4Bx_b^3$	$(A-3B)x_a^2+4Bx_a^3$
Van Larr 模型	$x_ax_b\left(\dfrac{AB}{Ax_a+Bx_b}\right)$	$A\left(\dfrac{Bx_b}{Ax_a+Bx_b}\right)^2$	$B\left(\dfrac{Ax_a}{Ax_a+Bx_b}\right)^2$
Wilson 模型	$-RT[x_a\ln(x_a+\Lambda_{ab}x_b)+x_b\ln(x_b+\Lambda_{ba}x_a)]$	$-RT\left[\ln(x_a+\Lambda_{ab}x_b)+x_b\left(\dfrac{\Lambda_{ba}}{x_b+\Lambda_{ba}x_a}-\dfrac{\Lambda_{ab}}{x_a+\Lambda_{ab}x_b}\right)\right]$	$-RT\left[\ln(x_b+\Lambda_{ba}x_a)+x_a\left(\dfrac{\Lambda_{ab}}{x_a+\Lambda_{ab}x_b}-\dfrac{\Lambda_{ba}}{x_b+\Lambda_{ba}x_a}\right)\right]$
NRTL 模型	$RTx_ax_b\left(\dfrac{\tau_{ba}G_{ba}}{x_a+x_bG_{ba}}+\dfrac{\tau_{ab}G_{ab}}{x_b+x_aG_{ab}}\right)$	$RTx_b^2\left[\dfrac{\tau_{ba}G_{ba}^2}{(x_a+x_bG_{ba})^2}+\dfrac{\tau_{ab}G_{ab}}{(x_b+x_aG_{ab})^2}\right]$	$RTx_a^2\left[\dfrac{\tau_{ba}G_{ba}}{(x_a+x_bG_{ba})^2}+\dfrac{\tau_{ab}G_{ab}^2}{(x_b+x_aG_{ab})^2}\right]$

　　有这么多的活度系数模型，到底哪一个最合适呢？德国的德西玛化学工程和生物技术协会（DECHEMA）对实验测量的 3563 组气液平衡数据和最常用的活度系数模型进行比较，试图找出误差最小的活度系数模型。但是，比较的结果发现，没有一个模型能在所有的范围和条件下达到最优的效果。仅仅从统计意义来看，Wilson 模型的误差最小，似乎最合适。但是，众所周知，Wilson 模型不能描述气液平衡中液相中含有 2 个液相的情形，使用受到很大的限制。NRTL 在水溶液体系里非常成功，但是在其他的体系里不够好。Wilson、NRTL、UNIQUAC 是目前流行的商业化化工流程模拟软件中使用最广泛的 3 个活度系数模型，尤其对于非理想体系。

　　图 2.8 和图 2.9 分别是对两种完全不同的体系，水溶液体系和烷烃体系，实验测量的活度系数和常用的 5 种基于超额吉布斯自由能的活度系数模型预测的活度系数的比较[7]。实验和模拟的原始数据来源于美国俄勒冈州立大学的 Milo Koretsky 教授提供的 ThermoSolver 软件。从图中可以看出，对于异丙醇-水系统，除了 2-参数的 Margules 模型，其余 4 种模型都有比较好的预测能力。但是对于戊烷-苯系统，任何一个模型都不能很好地预测该体系的活度系数。

　　随着技术的进步，更多的化合物被合成出来。这些化合物的分离和工艺设计需要相应的气液平衡的组成信息。在过去，一般都需要进行实验的测量。因为实验测量极其费时费力，人们迫切需要一种完全可以预测混合物体系的活度系数的方法。1975 年，美国加州大学的化学工程研究人员首先发表了 UNIFAC 模型，一个半经验的预测非电解质的非理想体系的活度系数的方法。UNIFAC 试图利用化合物分子中的官能团的性质来预测活度系数。对于 UNIFAC 模型的详细描述和计算方法超出了本书的范围，有兴趣的读者可以参考有关文献[8]。图 2.10 是巴西南大河州联邦大学的研究人员在比较了 2236 个二元混合物在无限稀释条件下的活度系数的实验测量值和 UNIFAC 预测的活度系数后得到的结果[9]。这个比较只

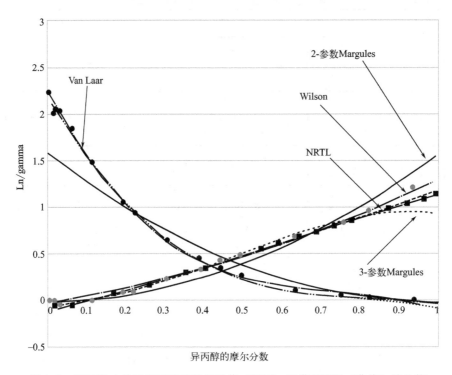

图 2.8　异丙醇-水体系的活度系数实验值（圆圈）和模型预测（曲线）的比较

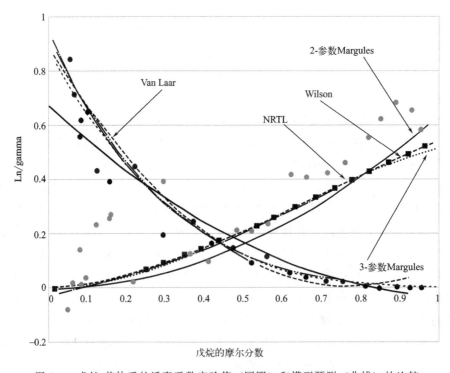

图 2.9　戊烷-苯体系的活度系数实验值（圆圈）和模型预测（曲线）的比较

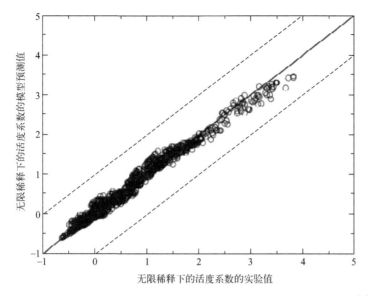

图 2.10　UNIFAC 模型预测的无限稀释下的活度系数和实验值的比较[9]

限于有简单单个官能团的分子之间活度系数的比较。结果表明，UNIFAC 对于不是特别复杂的，不是含有很多官能团的分子有非常好的预测效果。IDAC 表示的是在无限稀释条件下的活度系数。

表 2.2 中列举了笔者在实际的工作过程中接触到的有共沸现象的 2 个体系的实测值和UNIFAC 预测的比较。可以看出，UNIFAC 的预测已经有相当好的准确性。对于难以测定体系的气液平衡，使用 UNIFAC 可以为初步的计算机模拟提供强大可靠的基础数据。

表 2.2　UNIFAC 预测的 2 个体系的共沸组分、共沸温度和实验值的比较

体系 1	温度 / ℃	压力 /atm	乙腈的质量分数/%	三乙胺的质量分数/%	来源
乙腈-三乙胺	70.9	1	37	63	实测
	70.1	1	37.5	62.5	UNIFAC
体系 2	温度 / ℃	压力 /atm	三甲基戊烷的质量分数/%	乙酸乙酯的质量分数/%	来源
三甲基戊烷-乙酸乙酯	76.3	1	19.4	80.6	实测
	75.6	1	22	78	UNIFAC

注：1 atm＝101325 Pa。

2.3.4　活度系数和分子间力的关系

活度系数的引入是为了表征真实液体中组分的逸度和理想液体之间的偏差，而造成这种偏差的原因就是分子间作用力的差别。对于二元组分，就是组分 a 之间的作用力（a-a）和组分 b 之间的作用力（b-b）和两个组分之间（a-b）的作用力的差别。从物理含义而言，某组分的活度系数是其在混合物中的逸度和其在理想液体中的逸度的比值，表明了相对于理想液体，即所有分子之间的作用力完全相同的液体，它在混合物中"逃逸"倾向的大小。

从以上的物理含义看，当某组分的活度系数小于 1 时，该组分的逃逸倾向小于其在理想液体中的逃逸倾向，或者说 2 个不同组分的吸引力大于同组分之间的吸引力。需要更高的能

量才能将 2 个组分分开。通常人们将这种情况称为对拉乌尔定律的负偏差，因为实际混合物的蒸气压要小于拉乌尔定律所预测的理想液体的蒸气压。一个典型的例子就是丙酮-氯仿的混合物，因为丙酮和氯仿的活度系数都小于 1。图 2.11 是丙酮-氯仿二元混合物在常压下的活度系数曲线。在精馏的应用中，这种体系往往会形成最高沸点的共沸物，即共沸物的温度会高于任何一个单组分的沸点。有关共沸现象会在后面的章节里详细介绍。

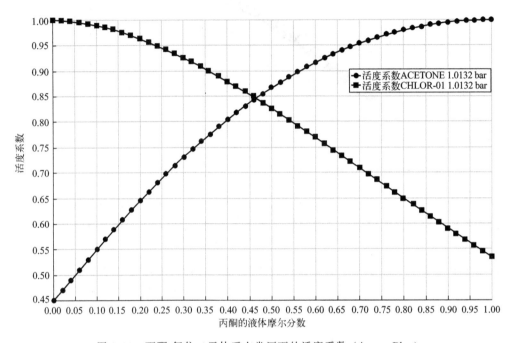

图 2.11　丙酮-氯仿二元体系在常压下的活度系数（Aspen Plus）

反过来讲，如果活度系数大于 1，该组分的逃逸倾向大于其在理想液体里的逃逸倾向，或者说 2 个不同组分的分子有排斥倾向，任何一个组分都更喜欢和相同的组分在一起，因此将 2 个组分分开只需要较少的能量。实际的表现就是对拉乌尔定律的正偏差，即混合物的蒸气压大于拉乌尔定律所预测的混合物的蒸气压。图 2.12 是丙酮-水二元混合物在常压下的活度系数曲线。自然界里大部分的混合物体系都是正偏差，负偏差的体系比较少。最典型的例子就是乙醇-水的混合物。在精馏应用中，这种体系有可能形成有最低沸点的共沸物。乙醇-水的共沸物的常压沸点是 78.2 ℃，比水和乙醇的沸点都低。

2.3.5　利用 g^E 判断相平衡

我们从化工热力学的基本原理得知，一个自发进行的过程一定是体系的吉布斯自由能趋于减小的过程。根据超额吉布斯自由能的定义，我们可以结合热力学的基本原理得到一些有关相平衡的重要结论。

由方程式(2.27)，我们可以得到一个混合物体系的单位摩尔超额吉布斯自由能：

$$g^E = \sum \overline{G}_i^E = \sum (\overline{G}_i - \overline{G}_i^{ideal}) = \sum \overline{G}_i - \sum \overline{G}_i^{ideal} = g - g^{ideal} \tag{2.35}$$

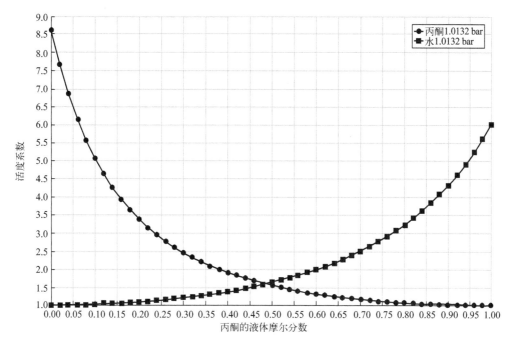

图 2.12　丙酮-水二元体系在常压下的活度系数（Aspen Plus）

如果我们在方程式（2.35）做一些改动，在方程右边的每一项都减掉各纯组分自由能的加和，就会得到：

$$g^{\mathrm{E}} = \left(g - \sum x_i g_i^0\right) - \left(g^{\mathrm{ideal}} - \sum x_i g_i^0\right) = \Delta g_{\mathrm{mix}} - \Delta g_{\mathrm{mix}}^{\mathrm{ideal}} \qquad (2.36)$$

式中　g_i^0——纯组分 i 的摩尔吉布斯自由能；

　　　g^{ideal}——混合物视为理想液体的摩尔吉布斯自由能；

　　　Δg_{mix}——单位摩尔混合物的吉布斯自由能和纯组分的吉布斯自由能的差值；

　　　$\Delta g_{\mathrm{mix}}^{\mathrm{ideal}}$——单位摩尔理想混合物的吉布斯自由能和纯组分的吉布斯自由能的差值。

可以看出，一个混合物的超额吉布斯自由能也可以由该混合物混合以后发生的吉布斯自由能的变化和把该混合物视为理想液体混合以后的吉布斯自由能的变化的差值来计算。一个理想液体混合过程的吉布斯自由能的变化可以由方程式（2.20）来表达，那么我们得到

$$g = g^{\mathrm{E}} + \sum x_i g_i^0 + RT \sum x_i \ln x_i \qquad (2.37)$$

为了简化，我们考察一个二元混合物的体系，而且使用前面提到的最简单的 Margules 方程来描述体系的超额吉布斯自由能。

$$g = (x_{\mathrm{a}} g_{\mathrm{a}}^0 + x_{\mathrm{b}} g_{\mathrm{b}}^0) + RT(x_{\mathrm{a}} \ln x_{\mathrm{a}} + x_{\mathrm{b}} \ln x_{\mathrm{b}}) + A x_{\mathrm{a}} x_{\mathrm{b}} \qquad (2.38)$$

第 1 部分（正）　　第 2 部分（负）　　第 3 部分（正或负）

上述的方程表明一个二元混合物的单位摩尔吉布斯自由能可以看作由 3 部分组成。第 1 部分是 2 个组分各自的纯组分的吉布斯自由能按照其摩尔分数的比例简单加和。这个可以认为是一个 1 mol 的二元混合物在其各自的纯组分未混合之前的总吉布斯自由能。第 2 部分是如果把该混合物看成理想液体的话，在 2 个组分完全混合后总吉布斯自由能的变化。因为组

分的摩尔分数永远介于 0 和 1 之间，所以第 2 部分永远是负值，也就是说混合以后，整个混合物的吉布斯自由能会减少。2 个组分的混合是一个自发的过程，所以组分混合后吉布斯自由能降低符合热力学定律。

第 3 部分就是超额吉布斯自由能，即体系偏离理想液体的情形。在方程式（2.38）中，如果常数 A 小于 0，那么 g^E 也小于 0，体系的吉布斯自由能会更低，说明这 2 个组分更喜欢混合在一起，而不是单独存在。从分子层面而言，就是这 2 个组分之间的相互吸引力要超过纯组分之间的相互吸引力。这种情况下的情形在图 2.13 中表现得非常清晰。

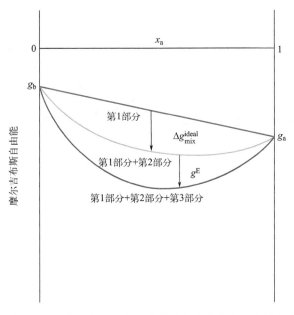

图 2.13　当 g^E 为负值时的二元混合物的摩尔吉布斯自由能随组分的变化

相反，如果常数 A 大于 0，那么体系的超额吉布斯自由能就会大于 0，这使得体系的总吉布斯自由能会比理想液体高。此时，两个组分在混合时有 2 个相反的因素，体系的熵变和焓变在起作用。两个组分的混合总是会导致整个体系的熵增加，使得两个组分更倾向于混合。但是，两个组分保持分离的状态，整个体系的能量可能会降低。当参数 A 很小的时候，g^E 的贡献很小，两个组分接触后会完全混合，形成一个液相。但是，当参数 A 很大的时候，g^E 的值就很大。因为 g^E 是一个抛物线型的曲线，就会造成图 2.14 所显示的情形。体系的吉布斯自由能出现 2 个局部的极小值（即图中的切线交点）。当混合物的组成在 2 个极小值之间的时候，该混合物就会自动分为 2 个液相（右边的 α 相和左边的 β 相）。这是因为在这个区间里，分为 2 个液相的总吉布斯自由能比一个单一混合的液相更低。这个分析在以后的精馏模拟和工艺开发过程中有重大的意义。多相精馏，包括多相共沸精馏和多相萃取精馏，就是利用体系中气液平衡的液相中会自动分为 2 个液相进行高效分离的。在现实中的一个常用的例子就是人们使用甲苯来脱水，这是利用了在常压下甲苯和水形成共沸物，而且在常温常压下，该共沸物的液相会自动分为 2 个液相，一个甲苯相，一个水相。因为水和甲苯在常温下的互溶性非常低（例如，水在甲苯中的溶解度只有 500mg/kg 左右），这样就可以很方便地把水从体系中去除。

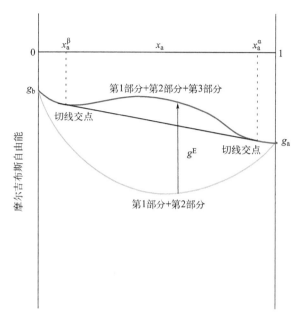

图 2.14　当 g^E 为很大的正值时的二元混合物的摩尔吉布斯自由能随组分的变化

2.3.6　液体纯组分的逸度

有了活度系数的计算方法，我们再来看液体纯组分的逸度计算方法。根据前面提到的在气液平衡的条件下，某组分在液体中的逸度和其在气相中的逸度是相同的原理。从液体的饱和蒸气压出发，再进行压力的校正，就得到在操作压力下液体纯组分的逸度，如方程式 (2.39) 所示。

$$f_i^0 = \varphi_i^{\text{sat}} P_i^{\text{sat}} \exp\left[\int_{P_i^{\text{sat}}}^{P}\left(\frac{v_i^0}{RT}\text{d}P\right)\right] \tag{2.39}$$

方程式 (2.39) 右边的第三项一般称为坡印亭校正因子 (Poynting correction factor)，是对液体纯组分的逸度从饱和蒸气压到体系压力所进行的校正。在压力低于 10 bar (1 bar=10^5 Pa) 时，坡印亭校正因子的值很接近于 1，这种压力校正几乎可以忽略不计。只有在压力很高的时候，比如 100 bar 以上，液体的逸度才需要坡印亭校正。在图 2.15 中显示的是甲醇的坡印亭校正因子随压力的变化趋势。在常规的操作温度下，即使操作压力为 20 bar，这个校正因子也小于 1.05。在一般的精馏过程中，极少会使用这么高的压力，所以在通用的精馏计算机软件里，在计算液相的组分逸度的时候，坡印亭校正一般都忽略不计，但是会保留这个选项，供使用者选择使用。

另外一个常用的热力学概念是活度，它的定义是组分 a 在混合物中的逸度和纯组分 a 的逸度的比值

$$a = \frac{\hat{f}_a^l}{f_a^0} \tag{2.40}$$

对比方程式(2.25)，我们可以得到

$$a = \gamma_a x_a \tag{2.41}$$

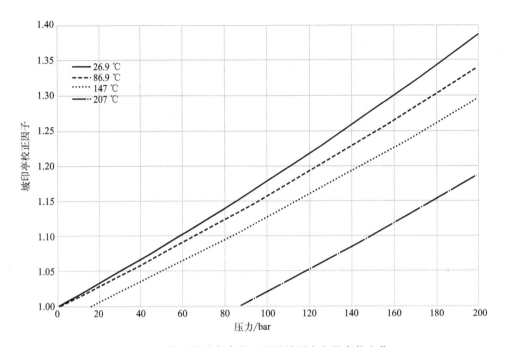

图 2.15　甲醇的坡印亭校正因子随压力和温度的变化

　　一个组分的活度可以看成是对其摩尔浓度的校正，即用于化学位计算时"真正"的浓度。

　　虽然为了计算液相组分的逸度引入的活度系数和为了计算气相组分的逸度而引入的逸度系数很类似，但是它们也有很大的不同。对于气相组分的逸度系数，系统的压力起决定性的作用。但是，对于液相组分的逸度系数，组分的浓度起决定性的作用。在常用的精馏过程中，除非操作压力非常高，压力对于组分活度系数的影响一般都忽略不计。

2.4　相平衡方程

　　在前几节里，我们已经定义了一个混合物相平衡的条件，即混合物里每一个组分在不同相里的逸度相同。这是从组分的化学位必须相同的热力学平衡条件下推导而来的。根据气相和液相里的逸度相应的计算方法，我们可以得到如下的气液相平衡方程：

$$Py_i \hat{\phi}_i^{\text{vap}} = P^{\text{sat}} \phi_i^{\text{sat}} x_i \gamma_i \exp\left[\frac{(P - P^{\text{sat}})V_i^{\text{liq}}}{RT}\right] \tag{2.42}$$

　　在方程式(2.42)中，左边是组分 i 在气相中的逸度，而右边是该组分在其相平衡的液相里的逸度。当所有的组分在气相和液相里的逸度都相等的时候，整个系统就达到了热力学平衡。

　　在某些特殊的情况下，相平衡方程式(2.42)可以进行一些简化。比如，在常压或减压精馏过程中，坡印亭校正因子可以近似为 1。气相可以近似为理想气体，所以气相的逸度系数也可以近似为 1。

$$Py_i = P^{\mathrm{sat}} x_i \gamma_i \qquad (2.43)$$

方程式（2.43）是精馏过程中使用最广泛的能简化地描述气液平衡的方程。它用来衔接系统的温度（隐含在饱和蒸气压项里）、压力和各个组分在气液相里组成的相互关系。

在工程计算过程中，人们往往采用挥发度的概念来表示组分的气相和液相浓度。一个组分的挥发度定义为该组分气相的摩尔分数和其平衡的液相中的摩尔分数的比值

$$K_i = \frac{y_i}{x_i} \qquad (2.44)$$

那么在低压下的组分 i 的挥发度就可以表示为

$$K_i = \frac{P_i^{\mathrm{sat}} \gamma_i}{P} \qquad (2.45)$$

不同的组分分离的难易程度可以由相对挥发度（或者称为分离因子）来表示，其定义为

$$\alpha_{ij} = \frac{K_i}{K_j} = \frac{y_i x_j}{y_j x_i} = \frac{P_i^{\mathrm{sat}} \gamma_i}{P_j^{\mathrm{sat}} \gamma_j} \qquad (2.46)$$

很显然，分离因子越大，2 个组分 i 和 j 的相对挥发度差别越大，分离就越容易。从方程式（2.46）也可以看出，2 个组分的相对挥发度主要取决于活度系数的比，因为在温度范围不是很大的情况下，2 个组分的饱和蒸气压变化不大，其比值几乎接近一个常数。需要提醒的是，活度系数和浓度有关，在不同浓度下的活度系数也不同，所以造成相对挥发度也不同，也就使得精馏塔里不同的位置物质分离的难易程度也不同。

如果在一些极端的情况下，混合物中各个组分的性质很接近（比如苯和甲苯体系），体系的液相也可以视为理想液体，液相组分的活度系数为 1，那么相平衡方程可以进一步简化为

$$Py_i = P^{\mathrm{sat}} x_i \qquad (2.47)$$

方程式（2.47）就是著名的拉乌尔定律，它是一个简化的气液平衡方程。但是，在实际的精馏过程中，能直接使用拉乌尔定律的情况非常少。只有分子类别相同，分子量相差不大的体系（比如炼油过程中的某段组分）才可以使用，否则就会造成很大的误差，甚至是错误的结论。

2.5　二元气液平衡及相图

从方程式（2.43）可以看出，当一个体系达到气液平衡的时候，其中组分 i 的气相组成、液相组成和体系的温度、压力直接相关。如果我们知道其中的某些参数，比如系统的压力、温度、液相组成，那么我们就可以通过方程式（2.43）计算和该体系平衡的气相组成。这对于解决精馏提纯的工艺开发和改进至关重要。

二元体系（即只有 2 个组分的体系）是混合物里最简单的情形，而且是多组分气液平衡计算的基础。我们首先考察二元体系的气液平衡。因为人们对图形有更直观深刻的理解，我

们考察一下二元体系的气液平衡相图。图 2.16 是甲醇-水体系在 60 ℃ 下的气液平衡相图。它表达的是在 60 ℃ 下体系的总压力和组成的关系。这个相图告诉我们很多的信息。中间的虚线表达的是如果该体系符合拉乌尔定律的时候，体系的总压力和液相组成的关系。显然，甲醇-水系统并不符合拉乌尔定律，即系统的压力和甲醇的摩尔组分不呈线性关系。这是因为甲醇-水体系里的 2 个组分的活度系数不等于 1，和理想液体有偏差。X_1 的曲线是液相线。在液相线的上部是过冷液体，而且体系只有一相。Y_1 的曲线是气相线。在 Y_1 曲线的下面是过热蒸汽，同样也是只有一相。

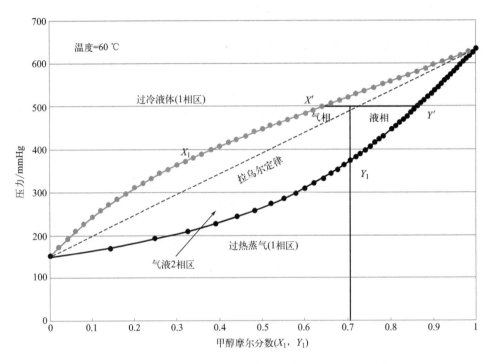

图 2.16　甲醇-水在 60 ℃ 下的气液平衡相图（P-X-Y 图）

1 mmHg＝133 Pa

在 2 条曲线的中间是两相区，即气液平衡的区域。选取任意一个体系的组成（比如甲醇的摩尔分数为 0.7），在某个系统的压力（比如 500 mmHg）下找到这一点，然后沿着水平线作图。在该体系和压力下的气液两相的组成可以很方便地通过相图获取，即液相的组成是 X'，而气相组成是 Y'。气相和液相的质量比由杠杆原理确定。

在精馏计算的过程中，常用的相图可以是图 2.16 所描述的恒定温度下的 P-X-Y 相图，也可以是恒定压力下的 T-X-Y 相图，或者 Y-X 相图（见图 2.17）。这些相图所描述的基本原理完全相同，只是表达的方式不同。根据使用的条件的不同，读者可以选用不同的相图。

在 2.6 节中已经介绍了二元混合物里组分的活度系数和其分子间作用力之间的关系。在甲醇-水体系里，混合物气相的压力大于拉乌尔定律的压力。这就意味着甲醇和水的活度系数大于 1，甲醇和水分子相互排斥，甲醇和水更喜欢和同类分子在一起。这种分子间作用力

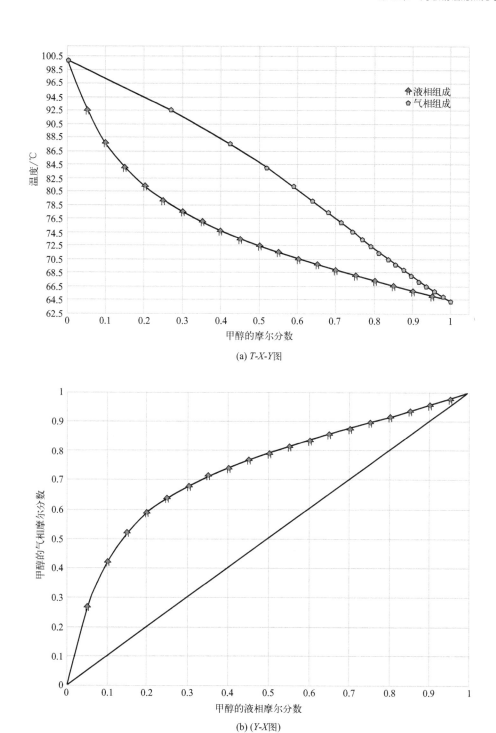

(a) *T-X-Y*图

(b) (*Y-X*图)

图 2.17　甲醇-水在常压（1 atm）下的气液平衡相图

的差别造成了甲醇-水体系对于拉乌尔定律的正偏差。

　　对于乙醇-水体系，因为乙醇比甲醇多一个甲基，乙醇和水分子间的排斥力进一步增强，我们可以想象，乙醇-水体系的活度系数会比甲醇-水体系更大。乙醇-水体系在常压下的相图

（*T-X-Y*）如图 2.18 所示。我们可以看出，和甲醇-水体系最大的不同在于混合物最低的沸点比 2 个纯组分（乙醇和水）都要低。这个最低沸点通常称为共沸点，在共沸点的物料组成称为共沸物[13]。常压下乙醇-水的共沸物里，乙醇的质量分数为 95.63%，水是 4.37%，其沸点为 78.2 ℃ 。而乙醇的常压沸点为 78.4 ℃，水为 100 ℃。乙醇-水的共沸物在常温常压下完全互溶，所以称为均相共沸物。

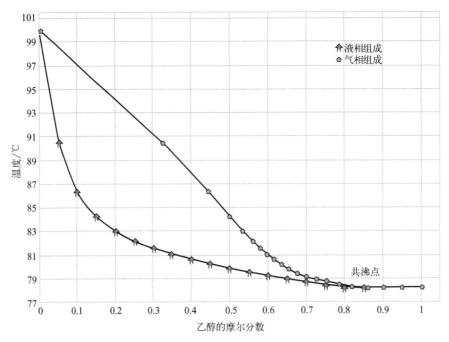

图 2.18　乙醇-水在常压（1 atm）下的气液平衡相图

　　在共沸点，一个最显著的特征就是液相线和气相线发生了交叉，即液相组成和气相组成完全相同。我们已经反复提到，精馏操作就是利用一个混合物的气相组成和液相组成的差别来进行逐级提纯的，所以气液共沸就意味着这是一个精馏的瓶颈，常规的精馏操作使进一步的分离提纯无法进行。常见的酒精纯度一般都在 96% 左右就是这个原因。如果要突破共沸组成，制备无水乙醇就需要使用特殊的方法。如果从 2.9 节里引入的相对挥发度的概念来考察共沸现象，共沸现象发生的充分和必要条件就是混合物里 2 个组分的相对挥发度发生了逆转。

　　以乙醇-水的体系而言，当液相里乙醇的含量低于共沸组成时，乙醇的相对挥发度大于水。因为在图 2.18 的共沸点的左侧可以清楚地显示乙醇在气相的摩尔分数大于其在液相里的摩尔分数，即乙醇的挥发度大于 1。根据方程式(2.46)里相对挥发度的定义，通过简单的数学推导就可以证明，在一个二元体系里，如果一个组分的挥发度大于 1，那么它对于另外一个组分的相对挥发度也大于 1。但是当乙醇的含量高于共沸组成，即在共沸点的右侧时，水的相对挥发度反而会大于乙醇。在图 2.18 的右侧，乙醇在气相的摩尔分数小于其在液相里的摩尔分数，即乙醇的挥发度小于 1，那么乙醇对于水的相对挥发度也会小于 1，即水的相对挥发度大于乙醇。当液体里乙醇的组成正好在共沸组成的时候，二者的相对挥发度为1。所以，如果因为常压下乙醇的沸点低于水就简单机械地认为乙醇的相对挥发度就一定大于水就是错误的。这也是在本书的开始，我们一直反复强调精馏分离是基于不同组分的相对挥发度不同，而不是它们沸点不同的根本原因。一个物质在混合物里的相对挥发度，不仅仅和这个物质有关系，而且和其在混合物中的浓度有关。

从分子间作用力的角度分析，乙醇-水二元体系里存在 3 种分子间的吸引力，即水-水、乙醇-乙醇和乙醇-水的吸引力。吸引力越大，其分子越难挥发，沸点会越高。根据分子的性质和物质的沸点，我们可以大致判断吸引力的大小顺序为水-水＞乙醇-乙醇＞乙醇-水。当乙醇的含量在共沸点的左侧，一个极端的情况是在大量的水中只含有很少量的乙醇。此时，水分子周围几乎都是水，所以水的挥发度变化不大。但是，乙醇分子周围几乎全是水，而不是乙醇分子，因为乙醇-水的吸引力要更小，所以乙醇的挥发度比水高。相反，当液相里的乙醇含量高于共沸的组成，即在共沸点的右侧，极端的情况下是大量的乙醇中只含有很少量的水。此时，乙醇分子周围几乎都是乙醇，乙醇的挥发度和纯乙醇相差不大。但是，水分子周围也几乎都是乙醇，因为水-乙醇的吸引力要小于乙醇-乙醇，水更容易从液相进入气相，即挥发度更高。一篇大学论文从分子模拟出发，从分子间作用力的角度系统地解释了在浓度逐渐变化的过程中，这种相对挥发度的逆转造成的共沸现象，有兴趣的读者可以参考文献 [39]。

但是，任何事物都是两方面的。一方面，共沸现象是一个精馏的瓶颈；另一方面，人们也可以通过巧妙的设计，利用物料共沸的特点，把一些很难直接分离的物料通过共沸精馏进行分离提纯。前面提到的利用甲苯进行物料的脱水就是一个典型的例子。对某些物料直接脱水很困难，加入甲苯后，因为甲苯和水产生共沸现象，提高了水和该物料的相对挥发度，使得在低温下可以把水带出来。在给客户提供的精馏工艺开发中，有很多的案例利用共沸现象实现了更高效的分离。比如，二氯乙烷和 2-甲基吡啶的分离和回收，利用甲醇和甲苯共沸的现象对某医药中间体进行提纯，采用多相共沸精馏对醋酸进行提纯，等等。

在实际的精馏操作中，因为共沸物的沸腾温度在压力固定的条件下也是固定的，所以有时候会和纯物质产生混淆。但是，共沸物的组成会随着压力变化而变化，改变压力后，分析精馏馏分的组成，就很容易判断一个恒定温度下采集的馏分是共沸物还是纯物质。

沿着前面的思路，如果把乙醇换成正丁醇，正丁醇分子的碳原子更多，亲水性会更差，可以想象，正丁醇和水分子之间的排斥力就会更强，正丁醇-水体系的活度系数会更大，而实际测量的该体系的活度系数也确实证实了这一点。图 2.19 是正丁醇-水二元体系的常压相图。我们可以看到，共沸现象已经从乙醇-水体系的一个点扩展到一个区域。实际上，正丁醇-水体系的共沸物不再是完全互溶的两相。因为分子间的排斥力很大，正丁醇-水的共沸物在常温下会自动分为 2 相，即上层的正丁醇相（油相）和下层的水相。在超额吉布斯自由能为正值，而且数值很大的体系里，二元体系分为两相会比一相的吉布斯自由能更低，所以这种体系会自发地分成不互溶的两个液相。正丁醇-水体系就是这种情况的真实体现。

像正丁醇-水这样分为两个液相的共沸物称为多相共沸物。多相共沸在工业上的应用极

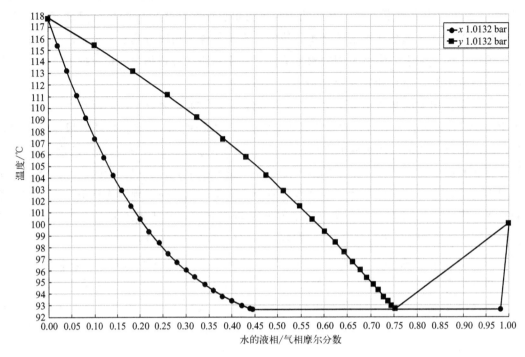

图 2.19　正丁醇-水在常压（1 atm）下的气液平衡相图

为广泛，是精馏分离提纯最重要的手段之一。在传统的工业生产中，无水乙醇的生产工艺就是使用苯作为夹带剂，利用水和苯多相共沸的特点进行的。在第 5 章，多相共沸的工业应用会有详细的介绍。

上述几种情况都是活度系数大于 1 的情形，从分子间作用力看，都是 2 个不同组分之间有排斥力的情况。但是，在实际的工业生产中，有时也会遇到 2 个不同组分之间的相互吸引力比相同分子更强的情况。在这种情况下，因为不同分子之间的吸引力更强，混合物的饱和蒸气压会更低，或者说，其沸点会更高。此时，混合物形成的共沸物的沸点会高于任何一个纯组分。如图 2.20 所示，甲酸和水的混合物在常压下有一个最高的共沸点，比任何一个纯组分的沸点都要高。

下面列举了几个常见的对拉乌尔定律有负偏差，具有最高共沸温度的二元共沸物：

硫酸（98.3%）/水　　　　　　共沸温度 338 ℃

硝酸（68%）/水　　　　　　　共沸温度 120.2 ℃

盐酸（35.6%）/水　　　　　　共沸温度 111.35 ℃

高氯酸（71.6%）/水　　　　　共沸温度 203 ℃

我们可以看出，除了前面提到的丙酮-氯仿体系外，其余的具有最高共沸温度的共沸物大部分都是水溶液。这在分子层面上比较容易解释。无机酸有强极性，在水溶液中会和水分子形成氢键，而氢键的作用力要远远大于一般分子间的范德华力。氢键使得水分子和无机酸分子的吸引力非常强，需要更多的能量才能把无机酸从液相转移到气相，所以造成了最高共沸温度。

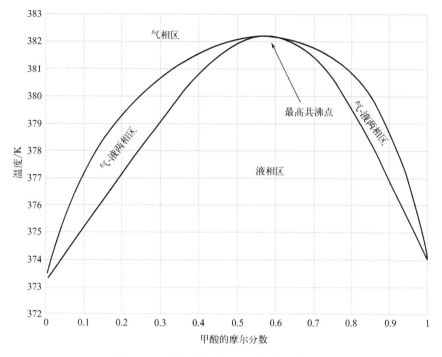

图 2.20　甲酸-水在常压下的气液平衡相图

　　虽然目前人们发现了超过 18000 个共沸物[14]，但是绝大部分共沸物都是最低共沸物，最高共沸物只占一小部分。根据 2.7 节的关于超额吉布斯自由能对于相平衡的影响，对于混合物里 2 个不同分子间的吸引力超过相同分子之间的吸引力的情形（也就是可能产生最高共沸物的体系），混合过程中的超额吉布斯自由能永远小于 0。这就造成了混合过程中的吉布斯自由能的变化是一条向下的抛物线（如图 2.13 所示）。从抛物线的形状考虑，混合物的吉布斯自由能曲线只能有一个极值点，即共沸点，而不可能出现多相共沸时的 2 个极值点。这个分析表明有最高共沸点的物系不可能产生多相共沸，只能是均相共沸。图 2.21 显示了二元体系里可能出现的 4 种气液平衡相图。在最低共沸物体系中可能出现两个液相的情形，但是在最高共沸体系里不可能出现两个液相的情形。

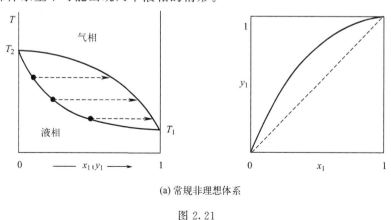

(a) 常规非理想体系

图 2.21

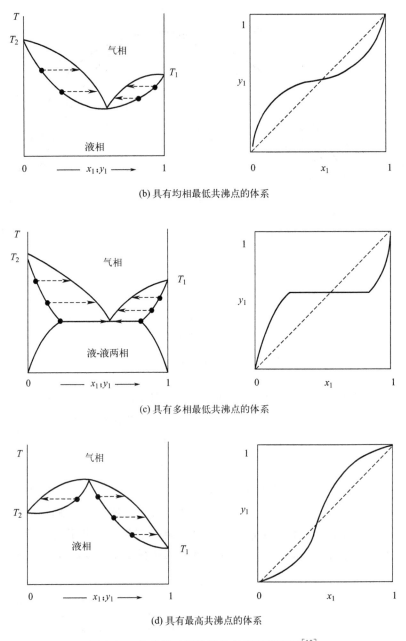

(b) 具有均相最低共沸点的体系

(c) 具有多相最低共沸点的体系

(d) 具有最高共沸点的体系

图 2.21　常见的二元物系的气液平衡相图[15]

　　除了上述的二元共沸物，还有三元共沸物，即 3 个组分形成的在固定压力下具有固定沸腾温度的混合物。图 2.22 是一个非常典型的甲醇-丙酮-氯仿的三元体系的相图。3 个组分中的任意 2 个组分都会形成一个二元共沸物，但是，3 个组分也会形成三元共沸物。这个三元共沸物的沸点既不是最低的，也不是最高的，而是介于 3 个纯组分的沸点之间。四元或四元以上的共沸物极少出现，有兴趣的读者可以查阅相关的文献。

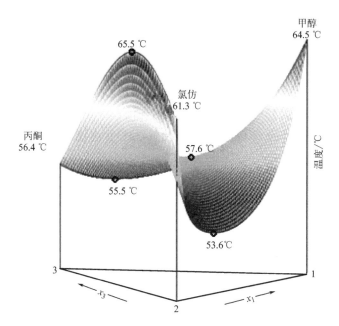

图 2.22 甲醇-丙酮-氯仿三元体系的常压相图（圆圈显示的是共沸点）

2.6 世界主要气液平衡数据库简介

气液平衡数据是精馏分离操作的基础，是进行精馏工艺开发和改进最核心的数据。气液平衡数据的准确性直接决定了精馏的计算机模拟计算的准确性。在工业设计和生产过程中，精馏计算机模拟的准确性和分离的可行性与工艺过程的经济效益直接相关。这就要求必须具备完整的、准确的气液平衡数据。

目前，世界上有几个大型的气液平衡的数据库，专门采集、整理和收录了公开的杂志、论文、专业会议、书籍和未公开的企业的研究报告、内部资料、私人通信等经过实验测量的气液平衡数据。数据库的编辑人员不仅要简单地把数据收集起来，而且要对数据进行精细的处理，比如进行前面提到的热力学一致性验证、单位的转换、其他错误的改正等等。确认符合热力学一致性的数据才会在数据库里公开发表。这些数据库有些是免费的，但是有一些商业运营的数据库是收费的。根据客户的要求和数据的数量，查询气液平衡数据收取一定的费用。下面是精馏模拟计算和工艺开发过程中常常用到的几个大型的气液平衡数据库。

（1）Dortmund Data Bank（DDB）

DDB 数据库由德国 DDBST GmbH 公司管理，号称是世界最大的纯物质和混合物的实测热力学数据库。初期主要以气液平衡数据为主，后来也包含其他相关的热力学数据，比如液液平衡数据和其他的传递过程参数。截至 2021 年，DDB 共收录了 83000 个化学物质超过 1 千万个数据，而且以每年 8% 的速度持续增加数据（见图 2.23，书后另见彩图）。DDB 数据库不但包含实测的气液平衡数据，对于数据库没有的数据，DDB 的专有软件也可以进行预测。例如，DDB 有修正的 UNIFAC 模型，modified UNIFAC（Dortmund），可以根据化学物质的分子结构进行纯组分和混合组分的物性数据的模拟预测。这对于不常见的化学物质或全新物质的物性估算有重大的意义。DDBST 成立了 UNIFAC 联盟，联盟的成员公司包括一些全世界最大的化工公司和化工流程模拟软件公司。最新的物系估算数据和参数只对成员公司提供。几乎所有的数据都可以进行免费在线查询，但是如果想获得实际的数据需要付费。DDB 提供一个包含 30 个常用组分的初级版，这个初级版里包含的热力学数据是免费的。

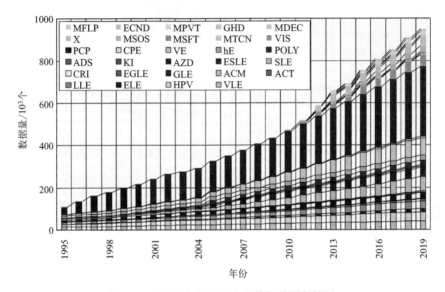

图 2.23　DDB 收录的热力学数据的增长情况

（2）NIST ThermoData Engine（TDE）

NIST TDE 是美国国家标准技术研究所（National Institute of Standards and Technology）管理的大型热力学数据库，里面包含了 51000 对二元混合物和 14000 个三元混合物的相平衡数据，包括气-液、气-液-液、液-液、液-固等等[16]。所有收录在 TDE 里的数据都经过了严格的评价以保证数据的可靠性。NIST TDE 的数据是收费的，但是，NIST TDE 的数据自动包含在商业计算机模拟软件 Aspen Plus 里面。对于 Aspen Plus，用户可以很方便地在 Aspen Plus 里查询和调用 NIST TDE 的数据，然后对气液平衡或者液-液平衡的参数进行拟合。

（3）DECHEMA CDS

德国德西玛-化工与生物技术协会编辑整理了一系列的化学数据手册。其中的几卷都是关于气-液平衡、液-液平衡和无限稀释条件下的活度系数的数据。DECHEMA 的全套数据手册可以直接向德西玛订购。如果只需要某些特定的数据，也可以只付费采购这些数据。

除了上述的大型通用的相平衡数据库之外，几乎所有的商业化的计算机模拟软件，比如

Aspen Plus、Aspen Hysys、Chemcad、gPROMS、ProSim 等都自带大型的相平衡数据库。除了提供原始的实验数据外，这些商业软件也提供了由实验数据拟合的常用的相平衡模型参数，可以以此为基础，进行化工过程的模拟和优化。有关商业软件在精馏模拟和开发中的应用，会在第 8 章里详细介绍。

最后一个需要说明的是国内外的大型跨国公司一般都会通过内部收集和测量得到含有大量的纯组分、混合物以及气液平衡、液液平衡和传递过程参数的数据库。这些数据库往往是专门针对一个领域（比如空气分离、天然气回收、二氧化碳捕集等等）或某个和其业务相关的化工工艺的特定数据库。这些数据库的目的不是包罗万象，而是小且精。因为其数据在长期的研发和生产实践过程中不断更新和改进，所以数据的准确性和可靠性比上述商业化软件提供的标准化的数据要高得多。利用这些数据进行计算机模拟的准确性也会非常高，但是这些数据不对外公开，属于企业的核心技术机密。

在国内，据有关网站介绍中国科学院过程工程研究所从 20 世纪 80 年代开始开发“工程化学数据库”，共收录了 1000 种非电解质有机化合物的 189000 条二元至四元混合物的气液平衡实验数据及 3000 多个活度系数模型参数。中国科学院对于该数据库的介绍在 2009 年以后一直没有更新。截至本书编写之日，相关的网站和数据库都无法打开，基本上处于停滞的状态。

随着人们开发的化学品越来越多和研究的不断深入，即使有大型的数据库收录从世界各地实测的相平衡数据，在实际的精馏工艺开发和计算机模拟过程中仍然会经常遇到无法获得某些组分的精确相平衡数据。为此，人们开发了各种各样的具有预测性质的计算机模型来预测未知组分之间的相平衡数据。除了前面提到的 UNIFAC 模型，还包括改进型的 UNI-FAC、ASOG、PSRK、COSMO-SAC、COSMO-RS（OI）等等。对这些活度系数模型的解释和说明超出了本书的范围，有兴趣的读者可以通过互联网进行搜索查询最新以及更为详细的介绍。

到目前为止，本书介绍的都是有机物（含水或不含水）在混合以后达到相平衡的活度系数的变化和估算方法。众所周知，有机物主要是靠分子间的范德华力结合在一起的。在现实的精馏过程中，混合物中也可能包含电解质，比如无机盐、其他的盐类、离子液体等等。电解质分子，因为能电离成正离子和负离子，对液体的活度产生极大的影响。电解质在某些特殊精馏过程中有着广泛的应用，比如盐析精馏。有关电解质或含有电解质的混合物的活度系数的计算方法，可以参考有关的文献。由瑞士联邦理工学院、美国加州理工大学和英国曼彻斯特大学合作开发了一个可以用来计算含有电解质、水和有机物混合体系的活度系数的模型，AIOMFAC。该模型目前是免费的，读者可以根据体系的组成和温度来计算含有电解质的混合物的活度系数[17]。

2.7　三元体系的剩余曲线图

在前面介绍了最基础的二元体系的气液平衡图后，接下来考察一下三元体系的气液平衡。研究三元体系的重要性体现在 2 个方面。一方面，在实际的工业精馏过程中，很多的二元组分使用常规的精馏手段无法分离。最典型的就是有共沸现象的二元混合物，比如乙醇的水溶液，人们往往加入第 3 种组分来改变这 2 种组分的相对挥发度，从而实现有效的分离。这在工业上有着极其广泛的应用，在后面的章节里会有详细的介绍。另一方面，三元体系是多组分精馏的基础，因为任何一个精馏提纯的过程都可以近似用 3 个"组分"来代表，即轻组分（比目标产物挥发度低）、目标产物和重组分（比目标产物挥发度高）。三元体系分离过程的深刻理解对于多组分的精馏分离有实际的意义。

在三元体系的气液平衡相图里，泡点线和露点线变成了曲面，如图 2.24 所示。这使得分析变得非常复杂，尤其是对于有共沸点的复杂体系。在实际的工业生产中，人们普遍使用二维的三元体系剩余曲线[18]。在剩余曲线里，只标注液相的组成，使用起来更方便。

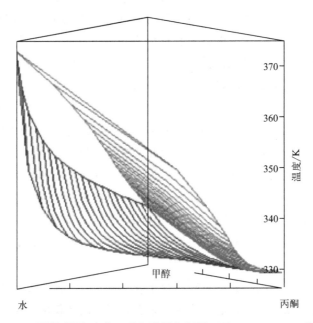

图 2.24   丙酮-甲醇-水的三元气液平衡相图（Chemsep V8.14 绘制）

三元体系的剩余曲线图在精馏过程的概念设计和工艺流程开发中有着非常重要的作用。三元剩余曲线可以通过实验直接测量数据进行绘制。如图 2.25 所示，含有 3 个组分的混合物在一个开口的容器里，在一个固定压力（比如常压）下缓慢加热。随着时间的推移，轻组分会慢慢蒸发，留下的液体里的重组分越来越多，液体的温度也会慢慢上升。如果在任意时刻取液体样进行分析，在代表 3 个组分组成的三角形图里把这些组成绘制成一条曲线，就会得到一条剩余曲线[19]。顾名思义，剩余曲线就是简单的蒸发过程中残留的液体组成随时间的变化曲线。剩余曲线总是从低沸点的物料出发，经过中间沸点的物料，最后到达高沸点的物料（图 2.25 中的箭头所示）。如果我们选用不同的起始物料组成进行蒸馏，然后取样分析，就能绘制一系列的曲线，得到完整的三元剩余曲线图。图 2.26 是丙酮-水-异丙醇在常压下的三元剩余曲线图[20-21]。

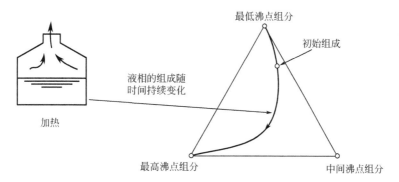

图 2.25　三元剩余曲线的原理

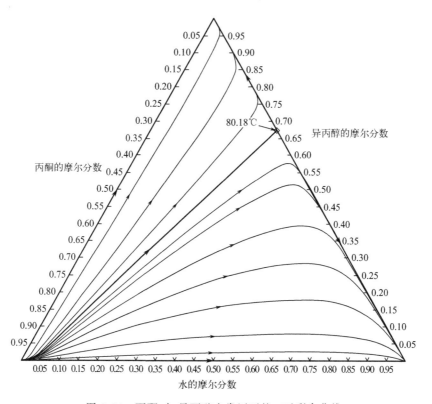

图 2.26　丙酮-水-异丙醇在常压下的三元剩余曲线

采用实验的方法绘制剩余曲线非常费时费力，人们通常使用数值积分的方法绘制三元剩余曲线。对图 2.25 左边的蒸馏过程分别进行总物质的量和各组分物质的量守恒的计算。V 是任意时刻蒸汽的物质的量，L 是剩余液体的物质的量，y_i 和 x_i 分别代表气相和液相的组分 i 的摩尔分数，可以得到：

$$\begin{cases} \mathrm{d}L = -\mathrm{d}V \\ \mathrm{d}Vy_i = -\mathrm{d}(Lx_i) = -x_i\mathrm{d}L - L\mathrm{d}x_i \end{cases} \tag{2.48}$$

通过简单的数学推导，可以得到下面的公式

$$\frac{-\mathrm{d}L}{L} = \frac{\mathrm{d}x_i}{x_i - y_i} \tag{2.49}$$

对方程式(2.49)的两边进行积分就可以得到

$$\ln \frac{L_1}{L_2} = \int_{x_2}^{x_1} \frac{\mathrm{d}x_i}{y_i - x_i} \tag{2.50}$$

方程式(2.50)就是著名的 Rayleigh 方程，它描述了一个间歇操作的普通蒸馏（只有一个理论级）的过程。方程式(2.49)的左边是蒸发极少量液体 $\mathrm{d}L$ 占整个液体的比例，也可以看成一个无量纲的时间步长 $\mathrm{d}\xi$（设定为一个正值）。把它代入到方程式(2.49)中，通过整理就得到下面的方程：

$$\frac{\mathrm{d}x_i}{\mathrm{d}\xi} = x_i - y_i \tag{2.51}$$

如果我们假定蒸馏过程中气相和液相永远处于平衡状态，那么对无量纲的 Rayleigh 方程式(2.51)进行积分就能得到剩余曲线。一般的三元剩余曲线都是通过这种方法，使用商业化的软件，比如 Aspen Plus、Chemcad 等获得的。三元剩余曲线的具体应用在第 5 章会有更为详细的介绍。

四元体系（图 2.27）和多元体系的剩余曲线非常复杂，不直观，所以人们一般使用数学方法直接进行多元混合物的共沸点、精馏边界的计算，以便进行初步设计。

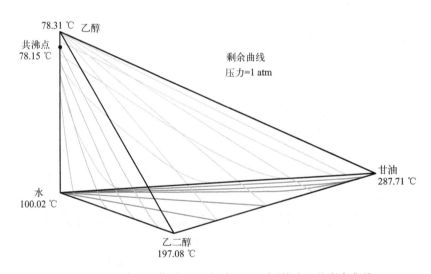

图 2.27　一个四元物系（乙醇/水/乙二醇/甘油）的剩余曲线

2.8　总结

本章简单地介绍了为解决精馏分离操作所必需的热力学基础知识。因为精馏是一个基于相平衡的分离过程，那么相平衡方程就成为解决精馏问题的出发点。相平衡方程来源于相平衡的基本条件，即在相平衡的体系里，各个组分在所有相里的逸度相等。通过把各个组分的逸度由可以实际测量的参数比如温度、压力、组成等来表达，就得到了相平衡条件下，各个组分在每个相里的分布情况，从而为精馏分离提供依据。

需要指出的是相平衡计算里最重要也是最困难的部分是体系的热力学数据，特别是气液平衡（或气液液平衡）数据的获得。传统上人们采用实验的方法直接测量体系的气液平衡数据。但是，对于多组分体系，实验量往往非常大。举例而言，如果测量一个含有 10 个组分的混合物体系的全部的二元/三元/多元的气液平衡数据，即使采用自动的取样和分析手段，也需要大约 37 年[22]。随着人们对化学研究的不断深入，大量新的分子被合成出来。只采用实验这种繁琐单调的方法已经远远不能满足人们研发和生产的要求。计算气相和液相的各种热力学模型不断被开发出来，而且不断进行改进。在精馏计算过程中，气相一般采用状态方程（EOS）来表达真实气体的状态参数（压力、温度、体积）和组分之间的关系，而液相一般采用活度系数模型来连接温度、压力和组成的关系。在热力学平衡计算中，计算机的应用已经非常广泛。所有的大型通用计算机软件都包含有各种热力学模型，有的是基于大量实验数据回归的参数，有的则是根据分子的官能团直接进行预测。这些热力学模型为人们进行精馏过程的模拟、设计和解决实际生产中的问题提供了强大的支持。

尽管人们在热力学模型上取得了巨大的进步，但是获得精确的热力学平衡和传递数据目前还不完善。今后热力学发展的重点仍旧是研究更精确、使用范围更广泛的热力学模型。

第3章
间歇精馏塔的型式

3.1　常见的间歇精馏塔的型式

　　间歇精馏是人类最早使用的分离液体混合物的手段之一。在产量较小、附加值比较高的精细化工、医药等领域，间歇精馏依然是使用最广泛的分离提纯过程。

　　间歇精馏通过间歇精馏塔的操作来实现不同物料的分离。图 3.1 是一个典型的分离多组分的常规间歇精馏塔的设置[23]。它包括一个底部的塔釜再沸器，一个含有塔板或填料的精馏塔节，顶部的冷凝器，一个冷凝液回流罐和一系列的馏分收集罐。

　　间歇精馏塔的操作程序一般为。

　　① 在底部的塔釜里加入需要分离的混合物料，然后开启加热。加热的方式有蒸汽、导热油、电加热等各种可行的方法。

　　② 顶部冷凝器的冷却介质（一般为冷却水或其他合适的冷却介质）开始运行，对冷凝器进行冷却。

　　③ 随着加热的不断进行，蒸汽被蒸发，由此产生的蒸气压不断经过填料或塔板向塔顶移动。此时，部分蒸汽会被冷凝下来，另外一部分继续沿塔节上升，轻组分的纯度逐步得到提高。

　　④ 等蒸汽到达塔顶后进入冷凝器。根据工艺的要求，冷凝器可以是全凝器（即所有的蒸汽都会被冷凝下来）或者部分凝器（即部分蒸汽被冷凝，另外一部分排出）。蒸汽经冷凝器冷凝成液体以后，进入到回流罐。根据工艺的回流比的要求，一部分冷凝液回到精馏塔顶，另外一部分作为馏分采集出来。根据塔顶的温度或物料的组成，馏分会收集到不同的收

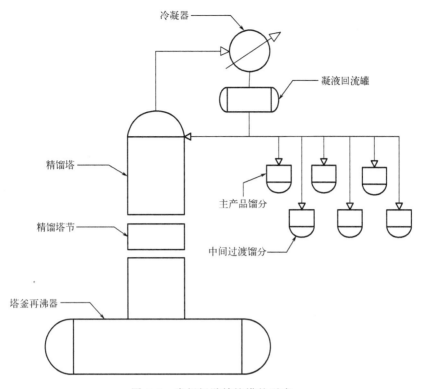

图 3.1　常规间歇精馏塔的型式

集罐里。有的作为主要组分，有的是 2 个主要组分之间的中间过渡组分，等等。

⑤ 继续切除馏分，直到目标产物采集完毕，或塔釜里的物料低于设定值，本次精馏操作就结束了。

在间歇精馏过程中，因为初始的物料已经固定，随着蒸发过程的进行，轻组分会优先采集出来，而塔釜中的液体组成和塔顶馏分组成都会随时间的变化而变化。因为间歇精馏是一个随时间不断变化的动态过程，不论操作和控制都比相应的连续精馏要复杂和困难得多。但是，间歇精馏的优点是一塔多用，可以使用一个精馏塔处理各种不同的复杂物料。另外，间歇精馏塔的操作非常灵活，对于复杂的精馏体系有重要的用途。

因为间歇精馏塔的设备和操作非常灵活，所以在实际的生产过程中，根据生产的需要，精馏塔可以有多种设置。图 3.2 展示了几种常见的间歇精馏塔的设置方式[24]。

图 3.2(a) 是前面提到的最常规的间歇精馏塔设置方式。所有的组分都是从塔顶采集分离的。这种塔只有精馏段，而没有提馏段。

图 3.2(b) 是图 3.2(a) 的一个变种，轻组分从塔顶采集，最后的重组分从塔釜采出。

图 3.2(c) 在间歇精馏过程中，除了主要组分外，还有主组分之间的中间过渡组分也会在塔顶收集。为了最大化目标产品和减少浪费，这些中间组分往往会在下一次的精馏过程中和新鲜的进料一块儿加入塔釜中进行物料的进一步回收。这种情况就是图 3.2(c) 所展示的设置。

图 3.2(d) 的设置和图 3.2(a) 的设置正好相反。初始的物料加入塔顶的回流罐里，物

料的加热仍然在塔釜进行，但是塔釜同时会不断地采出合格的物料。这种设置适合于分离主要组分为重组分的混合物，既降低了设备的能耗，又减少了重组分因为蒸发的高温可能导致的变质。这种塔只有提馏段，而没有精馏段。

图 3.2(e) 考虑到间歇精馏塔只有精馏段或提馏段，有人提出了一个既含有精馏段又含有提馏段的设置。在图 3.2(e) 的设置里，物料一次性加入一个中间罐中，液相部分回流到下面提馏段的顶部，而气相部分进入上面的精馏段。这种设置和连续精馏塔类似，但是有更多的灵活性。一个塔可以处理多种不同的进料组成。这种设置又称为中间储罐间歇精馏塔。

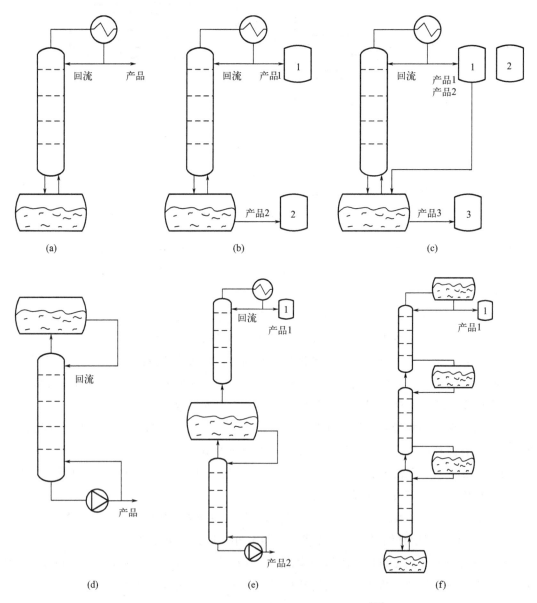

图 3.2 几种不同的间歇精馏塔的设置方式[24]

图 3.2(f) 这种设置称为多效间歇精馏塔，在全回流的操作条件下，塔顶可以得到非常纯的产品。这种复杂的新型间歇塔对于分离特殊的物系，比如共沸体系，反应精馏体系有重要的意义。但是，因为塔的设置比较复杂，操作难度也较大。

图 3.3 展示的是一种特殊的双塔设置，分为 1 个主塔和 1 个小的副塔，其目的是分离三元物料。主塔的塔顶会收集最轻的组分，塔釜会收集最重的组分。这种设置最主要的特征是中间组分会在主塔的一个合适的位置采出，进入副塔，并在副塔中进行进一步提纯，轻的组分重新进入主塔，而塔釜采集合格的中间组分。如有必要，副塔塔釜的一部分也会回到主塔的塔釜，进一步回收最重的组分。这样的设置就能同时分离和采集 3 个组分的混合物。这种设置在实际的工业应用中并不常见，主要是设备的复杂性和操作/控制的要求非常高，但是这种设置也提供了一个非常重要的分离思路，尤其是精细化工和制药领域里少量的、高附加值产品的精馏提纯。

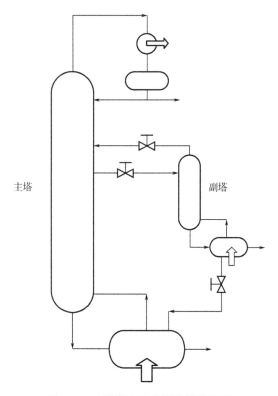

图 3.3　双塔模式下的间歇精馏设置

前面已经提到，对于任何一个需要提纯的物料，我们都可以把它看成是一个准三元物系。因为在反应的粗品里，既有比主产品挥发度高的轻组分，也会有比主产品挥发度低的重组分。如图 3.4 中显示的是上海擎胺新材料公司研发的有机胺产品的反应粗品的气相色谱图。

在 14.7 min 的峰是我们需要的产品。在该峰的前面和后面都有许多小峰，如果把前面沸点低的一系列小峰包含在一起，称为"准轻组分"，把后面沸点高的一系列小峰包含在一

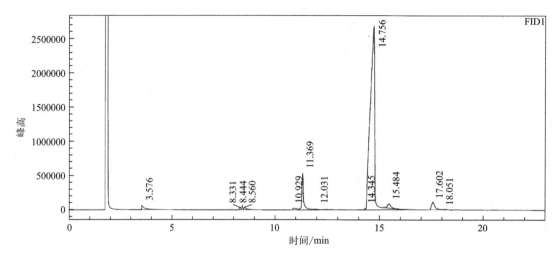

图 3.4　一个典型的反应粗品的气相色谱图

起，称为"准重组分"。我们就发现，无论何种物料都需要对一个准三元物系进行提纯。而图 3.3 就提供了一个非常规的高效分离设置。下面是这种双塔设置的主要优点：

① 几乎可以分离任何准三元物系（只要体系中没有共沸）；

② 巧妙地利用了中间组分（需要提纯的主组分）在主塔里某个部位最为富集的现象；

③ 可以消除采集 2 个精馏馏分之间的中间过渡物料所需的时间和反复回用；

④ 缩短精馏时间；

⑤ 能源利用率更高，节省能源。

3.2　填料塔和板式塔

和连续精馏塔类似，间歇精馏塔的塔节部分主要分为填料塔和板式塔两种形式。从现代精馏工业的实践来看，这 2 种塔的分离效率和成本差别不是很大，不足以成为选用其中一个而放弃另外一个的主要原因。另外，如果液体回流量不是很小，在进行分离操作中，两种不同型式的塔的塔高也相差不大。即便如此，填料塔和板式塔还是有各自更合适的使用范围。

更适合填料塔的条件：

① 直径相对较小的塔（小于 2 m）；

② 在选用材质时有更多的选择，这对于处理腐蚀性的物料非常重要（塑料、陶瓷、耐腐蚀的合金、特殊材料等等）；

③ 塔压降更低（在真空精馏过程中低的压降非常重要）；

④ 持液量少，液沫夹带少，对于热敏性物质更为合适；

⑤ 对于处理有泡沫的体系更合适（因为气液接触不是靠鼓泡产生，而是表面接触）。

更适合板式塔的条件：

① 分离过程中的气相或液相的处理量变化很大；

② 直径较大的塔（大于 1 m，主要考虑到填料会造成液体分布不均匀）；

③ 液体的回流量很小；

④ 需要较长的停留时间；

⑤ 物料含有固体杂质，容易产生堵塞；

⑥ 存在很大的机械应力或温度应力可能造成填料破碎或损坏。

历史上，大型的精馏塔几乎都是板式塔。但是，随着填料技术的不断进步和新型填料的不断涌现，大型精馏塔采用填料型式的越来越多。到目前，塔径几乎不再是填料塔应用的障碍，而且在很多领域都替代了板式塔。

在间歇精馏操作中，尤其是精细化工和医药行业，填料塔的应用远比板式塔更为广泛，但是这并不是填料塔的效率高造成的。主要的原因是填料塔的压降小，制造相对简单，更适合真空操作。

3.3　精馏塔填料的简介

3.3.1　散装填料

最早的填料塔的专利于 19 世纪 80 年代在美国出现。从那时起，精馏塔的填料经历了漫长的发展历程。1914 年曾经在德国巴斯夫公司工作的化学家拉西（F. Raschig）博士发明了拉西环填料（Raschig ring），从而使填料有了固定的形状。虽然拉西环仅仅是一个高度和外径相等的圆筒，但是拉西环的出现是革命性的，它的出现使填料的分离结果可以重复，从而为人类科学地研究填料的性质打开了一扇大门。1925 年，英国勒辛博士在拉西环的基础上发明了勒辛环（Lessing ring），即在拉西环内部的直径方向加了一个隔板，以增加气液接触的面积。1948 年，德国出现了更为新型的鲍尔环（Pall ring）。鲍尔环在拉西环的外壁上开孔，而且有舌片向内延伸，增加了气相的湍动和液相的润湿作用，改进了拉西环在横放的时候不容易被润湿的弊端。鲍尔环一般称为第二代填料[25]。1978 年，美国的 Norton 公司推出了将环形结构和鞍形结构相结合的第三代填料，金属环锯鞍填料（IMTP）。这种填料集中了以前几种填料的优点，具有低压降、高效率、操作弹性大等很多优异的操作性能。但是，这类填料制作复杂，成本较高。表 3.1 给出了常见的散装填料和制造材质[26]。

表 3.1　常用的散装填料和制造材质

填料名称	形状	常见材质
拉西环		陶瓷、金属、塑料、玻璃等等
勒辛环		陶瓷、金属、塑料等等

填料名称	形状	常见材质
鲍尔环		陶瓷、金属、塑料等等
马鞍形填料		陶瓷、金属、塑料等等
IMTP		金属或合金
其他类型		塑料/聚四氟乙烯等

在实验室进行精馏工艺开发的过程中，也会经常用到各种填料。比如，国内使用最广泛的 θ 环填料（图 3.5）。θ 环填料在国外称为 Dixon ring，由 Dixon 先生在英国的帝国化学工业公司（ICI）工作时发明。θ 环填料由不锈钢丝网折叠弯曲制成。因为丝网的表面润湿效果很好，加上很高的孔隙率，使得 θ 环填料的传质效率非常高，是一种极为高效的填料。据报道，装填 θ 环填料后的每米理论级数可以达到 30 块以上，但是从笔者亲自测试的结果看，在常规的实验条件下，很难达到这样高的理论塔板数。我们的实验室测试显示最常见的

图 3.5　θ 环填料

3 mm×3 mm 的 θ 环填料每米理论级数只有 10～15 块，远低于文献报道。θ 环填料一般是不锈钢材质，对于物料有酸性或对金属有腐蚀性的工况，可以采用玻璃弹簧填料。玻璃弹簧填料的效率比 θ 环低得多。

国外的精馏实验里常用的一种填料是 Pro-Pak，由美国 Cannon Instrument Company 生产。如图 3.6 所示，Pro-Pak 填料是在很窄的金属薄片上使用机器打出很多很小的孔，每平方英寸（1 in² = 6.4516 cm²）大概 1000 个小孔。这些小孔的毛刺向外翻，提供了巨大的比表面积和优异的润湿性。Pro-Pak 填料每米的理论板数接近 θ 环。

图 3.6　Pro-Pak 填料

在实验室里，如果需要分离沸点非常接近的物料，因为塔的高度受限制，这就需要分离效率极高的填料。三角螺旋填料就是国内常用的另外一种高效填料（图 3.7），国外称为 Fenske spiral，是一种使用金属丝绕制成三角形的类似弹簧的填料。与 θ 环相比，三角螺旋填料的分离效率更高，但是压降也会高一些。三角螺旋可以用来分离同位素和沸点极为接近的同分异构体。三角螺旋填料的比表面积非常高，达 2700 m²/m³，每米填料的理论板数可以达到 40～45 块。

图 3.7　三角螺旋填料

像θ环、Pro-Pak、三角螺旋这些高效的散装填料，虽然在实验室中的应用非常广泛，但是在实际的工业生产中极少应用。原因是此类物料的形状在放大以后很难保持其优异的特性，放大效应非常明显。而且，因为此类填料的比表面积很大，造成填料的压降很大，在大型的精馏塔中反而造成负面的影响。

3.3.2 规整填料

在填料塔发展的初期，人们发现填料塔在塔径很小的塔里性能非常优越，但是一旦放到大型塔，往往效率就急剧下降。这就是人们常说的填料塔的"放大效应"。经过详细的研究，人们发现这种"放大效应"是因为在大型的填料塔里，填料是散装的，造成气液的分布不均匀，从而使气液传质不均匀稳定。

在很长一段时间里，人们都认为填料塔只适合于小型的精馏塔，而不适合大型的精馏塔，直到瑞士的苏尔寿公司（Sulzer Ltd.）在20世纪60年代推出了革命性的金属丝网规整填料。虽然苏尔寿不是第一家发明规整填料的厂商，但是苏尔寿的研发人员系统地研究了规整填料的特性，开发的规整填料使气液分布比较均匀，适用范围广，压降很小，很快在工业应用中得到迅速的扩展。现代的规整填料基本上都是以苏尔寿的填料为基础，进一步改进和发展起来的。

表3.2列出了几种苏尔寿公司最常见的几种规整填料。BX和CY是由很细的丝状物编制成类似布一样的网状材质，然后按照一定的角度压制，再进行叠加而成的。丝网填料的比表面积很高，孔隙率大，所以填料的压降非常小。再加上液体物料在丝网材料上的表面张力作用，使液体的分散性非常好，液膜的厚度很薄，使气液传质阻力很小。

表 3.2 苏尔寿几种常用的规整填料类型和适用范围

填料名称	填料的外形	材质	适用范围
BX BXPlus		金属、合金、塑料	• 每米填料的理论板很高 • 真空到常压 • 压降非常重要 • 持液量很小 • 0.1~0.5 mbar/理论板 • 不适合有固体或容易结垢的体系
CY CYPlus		金属、合金、塑料	• 每米填料的理论板非常高 • 真空到常压 • 压降小 • 结垢的体系可以接受 • 不润湿的体系可以接受
Mellapak MellapakPlus		金属、合金	• 使用最广泛的规整填料 • 0.3~1 mbar/理论板 • 真空到中等压力 • 在某些高压场合也适用

续表

填料名称	填料的外形	材质	适用范围
Rombopak		金属、合金	• 特殊的流体通道 • 压降几乎最小 • 适合黏性体系 • 适合结垢的体系
Mellacarbon		碳纤维	• 适合对金属有腐蚀的物料,特别是强酸包括氢氟酸 • 良好的润湿性 • 热稳定性高(>400 ℃)

在医药和精细化工行业,规整的丝网填料是使用最广泛的填料。Mellapak 系列填料是使用薄板打孔以后按照一定的角度折叠,然后叠加在一起的。Mellapak 是化工厂使用最广泛的填料之一,但是其效率没有丝网填料高。Mellapak 可以在黏度稍高的体系中使用,即使物料里含有少量的固体也可以承受。对于黏度非常高和含有固体、容易结垢的体系,Rombopak 是更合理的选择。对于有腐蚀性的物料,特别是酸性物料,金属填料往往不能胜任。苏尔寿的 Mellacarbon 填料使用纯碳,具有稳定性高,抗腐蚀(尤其是酸性腐蚀)的特点。特别适合在含有氯化物、氢氟酸等金属填料完全不能使用的场合使用。对于其他的有特殊要求的腐蚀性物料,最近国内外都开发了碳化硅泡沫规整填料[27-29]。碳化硅是耐腐蚀性最好的材料之一,而且传热性能极佳,非常适合高腐蚀性的物料。但是,碳化硅泡沫材料持液量大,处理量小,只对特殊的腐蚀性物料适用。图 3.8 显示了碳化硅泡沫填料,到目前为止,碳化硅填料的应用还很有限。

图 3.8　碳化硅泡沫填料[28]

除了苏尔寿，很多其他的公司也提供类似的规整填料。这些填料在材质、填料的角度、比表面积、孔隙率等和苏尔寿的填料有所不同，各家的设计大都采用各种独有设计方案，但是性能和苏尔寿的填料相差不大。这些公司包括 Koch-Glitsch 公司、霍尼韦尔 UOP、三菱重工。国内比较知名的填料公司包括北京泽华化学工程公司、天津天大天久科技、天大北洋化工设备有限公司等等。

需要特别指出，规整填料的高效率除了填料本身的高比表面积、好的润湿性、高孔隙率、设计合理的气液通道以外，也需要有良好的塔内件和规整填料配合使用。塔内件包括液体分布器、气体分布器、收集装置、液体入口系统、支撑格栅和定位格栅等等。没有设计合理的塔内件和规整填料配合使用，规整填料的高效也无法体现出来。如果精馏塔内的气液分布不均匀，填料的效率会降低 50% 以上。几乎所有的规整填料厂家都同时生产塔内件和自家的规整填料配合使用，以达到最佳的分离效率和最小的压降。

3.3.3　规整填料的优势

随着规整填料的不断完善，工业界大部分的精馏塔的填料都从传统的散装填料改成了规整填料。其中的原因在下面 2 张由美国 GTC 公司提供的对比图中可以很清楚地了解。图3.9 是常规的精馏操作中，规整填料和改进后的散装填料的分离效率和处理量的关系曲线。可以看出，在相同的处理量下，规整填料的填料效率比散装填料高得多。使用规整填料的时候，物料的分离效率越高，产品的纯度越高。或者说，如果达到相同的纯度要求，规整填料的填料高度越低，精馏塔也越低，塔的投资成本越低。一般而言，填料的比表面积越大，液体在填料分布的液膜越薄，传质阻力越小，效率也越高。填料的另外一个重要的衡量指标是压降，即物料通过填料层产生的压力降。图 3.10 是规整填料和改进的第三代散装填料在不同处理量下的床层的压降和填料效率（以等板高度、HETP 来表征）的比较。可以明显看出，在相同的处理量下，规整填料比散装填料的效率更高，而压降更低。低压降意味着填料

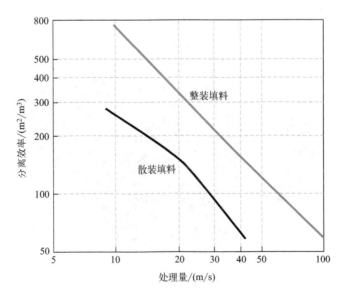

图 3.9　规整填料和散装填料的效率对比

塔的操作范围更宽。而且，在常压或低压操作中，低压降使塔釜的压力降低，塔釜的温度也随着降低，精馏塔的能耗会降低。对于热敏性的物料，同时也意味着精馏过程中的物料损失会大大减少。

除了某些特殊的应用，比如高压精馏，回流液体量很大，或者体系产生泡沫的情形，在常规的精馏分离过程中，规整填料一般都优于散装填料，是精馏塔设计或改造过程中首选的填料类型。

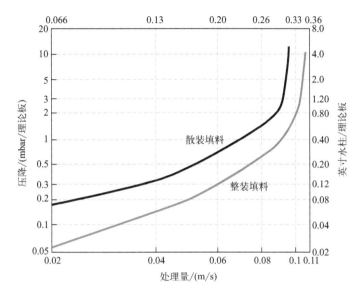

图 3.10　规整填料和散装填料的压降和效率的对比

第4章
间歇精馏塔的操作

一般的间歇精馏都是按照图 3.1 所描述的常规精馏塔的型式。待分离的物料被加到精馏塔的塔釜，然后对塔釜进行加热以蒸发物料，蒸汽通过精馏塔塔节里的塔板或填料逐级上升，提纯，直到塔顶的冷凝器。冷凝的物料有一部分作为回流回到精馏塔的顶端，另外一部分作为采出进入不同的馏分收集罐。等到塔釜的物料低于一个安全的液位，间歇精馏的操作停止，然后进行下一批的精馏操作。

人们大都采用这种常规的间歇精馏操作是有原因的。在这种操作方式下，所有的产品都经过塔板或填料的逐级提纯，在精馏塔顶得到的产品往往很纯，颜色也会很浅。而像图 3.2(d) 显示的反置的间歇塔，想要得到的产品必须从塔釜采出。因为塔釜永远是精馏装置中温度最高的设备，直接在塔釜出料容易导致由高温引起的物料的杂质偏高，而且颜色会较深。在实际的工业化生产过程中，尤其是制药和精细化工行业，为了提高产品的纯度和改善颜色，即使是重组分，也一般是从塔顶精馏获得的。这时，为了使重组分从塔顶分馏出来，就需要降低塔的操作压力。

和大家都比较熟悉的连续精馏不同，间歇精馏塔的操作不是稳态的，在操作过程中，设备和物料所有的参数都会随时间发生变化，比如温度、压力、塔顶和塔釜的组成、塔釜的汽化速度、塔顶的冷凝速度等等。

图 4.1 显示的是在上海擎胺新材料科技有限公司实验室里操作使用的填料精馏塔里的一个典型间歇精馏操作的过程。待分离的物料是高压催化加氢反应的粗品，含有溶剂和产品，还有反应中产生的其他杂质。首先，在精馏釜里加入想要精馏的反应粗品，通过电加热套或油浴对物料进行加热。如果物料里有沸点很低的轻组分，会随着加热的进行而作为气体排

出。当物料加热到一定温度的时候开始沸腾，有部分液体会汽化，由此产生的压力会推动蒸汽一直沿精馏塔塔板或填料上升，直到塔顶的冷凝器，这些蒸汽被冷凝器冷凝后变成液体，回流到精馏塔里，此时一般不采出任何冷凝的物料，称为全回流。在一般的实验室操作中，至少需要在全回流的条件下让精馏系统稳定 0.5～1 h，待塔顶的温度基本平稳正常以后再进行塔顶冷凝液的采出。在工厂里，因为精馏塔的体积大，回流罐和填料的持液量也很大，造成全回流的时间可能会长达几个小时。

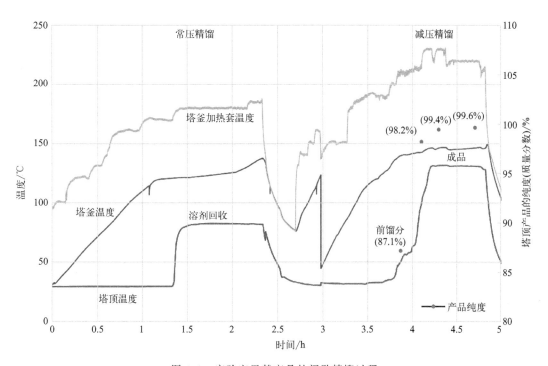

图 4.1　实验室里某产品的间歇精馏过程

图 4.1 的过程首先在常压下操作，把物料里的溶剂进行回收。因为在压力固定的情况下，物料的温度和组成是一一对应的，所以塔顶温度的稳定也代表了塔顶组成的稳定。等到溶剂基本回收完毕后，对物料进行降温。到接近常温的时候，精馏塔接入减压系统，精馏继续在减压下操作。一开始，有部分残余的溶剂会继续从塔顶采出。随着物料里轻组分的减少，塔顶的温度逐渐上升。在大约 3.8 h 的时候，塔顶馏分的纯度已经达到了 87.1%。此时的馏分中还含有足够多的产品，一般会保存下来，称为"前馏分"。前馏分可以混入下一批物料里，进一步回收其中的产品。等到塔顶的温度接近平稳的时候，取样显示塔顶的产品纯度已经大于 98%，接近纯品的程度，开始收集产品。等到塔顶的温度完全稳定以后，取样分析的结果表明产品的纯度已经大于 99%。继续进行精馏操作直到塔釜的液位低于某个设定值。在间歇精馏操作中，设定一个最低的塔釜液位十分必要。因为在精馏后期，随着轻组分的采出，精馏塔釜的温度会越来越高，如果没有控制，导致精馏釜中的物料几乎全部蒸干，塔釜残存的物料因为温度的急剧上升有可能导致分解，甚至产生爆炸。在进行精馏实验前，对所要精馏的物料进行物质的安全评估是必要的。不论是在实验室，还是在工厂的实际生产过程

中，物料的安全评估都是必需的。物料的热安全评估主要采用差分扫描量热仪（DSC）和绝热加速量热仪（ARC）来进行评估。在工厂里，精馏塔釜一般都装有液位测量和指示装置。通过仪表，操作人员可以随时掌握塔釜的液位。而且，工厂里一般都设置有安全连锁装置，在塔釜液位低于某设定值的时候或者温度超过设定值的时候，塔釜的加热会自动停止。

4.1　间歇精馏塔的操作曲线

图 4.2 是一个常见的二元物系间歇精馏塔的物料衡算。在这个流程图里，塔节有 N 块理论板，加上塔釜可以看成是气液平衡的，那么总的塔板数是 $N+1$。

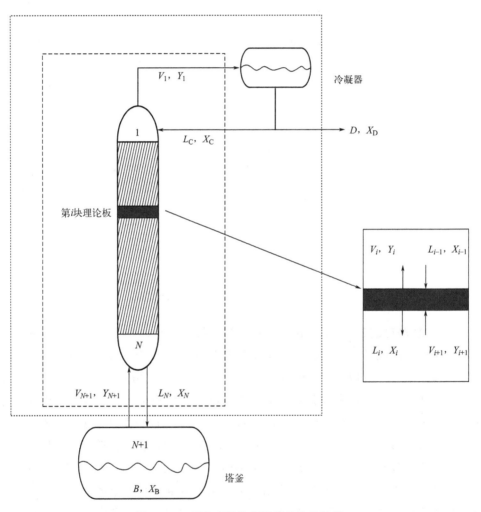

图 4.2　二元物系间歇精馏塔的物料衡算

对于一个简单的二元物系（A 和 B），我们可以对塔节的部分做物料衡算，所有的组成都是对于组分 A 而言的：

总摩尔衡算：

$$V_{N+1} + L_C = V_1 + L_N \tag{4.1}$$

对物料 A 的摩尔衡算：

$$V_{N+1} Y_{N+1} + L_C X_C = V_1 Y_1 + L_N X_N \tag{4.2}$$

式中　V_N ——离开第 N 块塔板的气相摩尔速率；

　　　L_N ——离开第 N 块塔板的液相摩尔速率；

　　　Y_N ——离开第 N 块塔板的气相里 A 的摩尔分数；

　　　X_N ——离开第 N 块塔板的液相里 A 的摩尔分数；

　　　L_C ——塔顶冷凝液的摩尔速率；

　　　X_C ——塔顶冷凝液里 A 的摩尔分数。

合并简化以后，我们可以得到塔节部分的物料衡算曲线：

$$Y_{N+1} = \frac{L_N}{V_{N+1}} \times X_N + \frac{V_1 Y_1 - L_C X_C}{V_{N+1}} \tag{4.3}$$

同样地，我们对冷凝器做一个单独的物料衡算：

总摩尔衡算：

$$V_1 = D + L_C \tag{4.4}$$

对物料 A 的摩尔衡算：

$$V_1 Y_1 = D X_D + L_C X_C \tag{4.5}$$

最后，我们对整个塔节和冷凝器合起来做一个物料衡算

总摩尔衡算：

$$V_{N+1} = D + L_N \tag{4.6}$$

对物料 A 的摩尔衡算：

$$V_{N+1} Y_{N+1} = D X_D + L_N X_N \tag{4.7}$$

如果我们假设在这个体系里，每一块塔板的气液的摩尔流率都相同（恒摩尔流率假设），即

$$L_C = L_N \tag{4.8}$$

$$V_1 = V_{N+1} \tag{4.9}$$

那么在精馏塔里的回流比就可以由下面的方程计算：

$$R = \frac{L_C}{D} \tag{4.10}$$

把方程式（4.5）和方程式（4.6）代入到方程式（4.3）里，就可以得到下面的方程：

$$Y_{N+1} = \frac{L_N}{D + L_N} \times X_N + \frac{D X_D}{L_N + D} = \frac{L}{V} \times X_N + \frac{D}{V} \times X_D \tag{4.11}$$

然后把式（4.10）代入方程式（4.11），就可以得到如下的方程：

$$Y_{N+1} = \frac{R}{R+1} \times X_N + \frac{X_D}{R+1} \tag{4.12}$$

方程式（4.12）一般称为间歇精馏塔的操作曲线。其实，操作曲线就是精馏塔里各个塔板组分的物料平衡曲线。它把一个精馏塔塔板上向下流的液相组成和从下方塔板上升进入该塔板的气相组成联系起来。在图 4.3 中，最上面的实线水平椭圆就显示了利用操作曲线和第

$i-1$ 块塔板的液相组成 X_{i-1} 来计算第 i 块塔板里气相的 Y_i，然后再利用气液平衡曲线和 Y_i 来计算第 i 块塔板的液相组成 X_i（用虚线的垂直椭圆显示），接着利用操作曲线和第 i 块塔板的液相组成 X_i 又可以计算第 $i+1$ 块塔板的气相组成 Y_{i+1}。从塔顶的冷凝器的液相组成 X_D 开始，沿着塔板逐级由操作曲线和气液平衡曲线方程交替计算，整个间歇精馏塔里各个塔板的气液相组成都可以计算出来了。这种操作曲线和气液平衡曲线交替计算的方法用图形表达更加简洁直观。这就是人们通常使用的麦凯布-蒂勒（McCabe-Thiele diagram）图，简称 M-T 图。M-T 图已经广泛应用于连续精馏的初步设计和现有精馏塔的故障诊断。对于间歇精馏而言，M-T 图同样适用。图 4.4 就是一个间歇精馏塔的 M-T 图。另外，从方程式 (4.12) 看，间歇精馏的操作曲线和大家熟悉的连续精馏塔的精馏段的操作曲线完全相同。基于此，一些在连续精馏中广泛使用的方法和概念在间歇精馏塔里也同样适用。

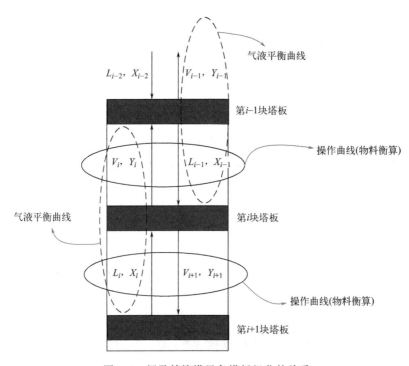

图 4.3 间歇精馏塔里各塔板组分的关系

根据间歇塔的操作曲线，我们来考察一下精馏塔的几个特殊条件下的运行情况。

（1）全回流

如果间歇精馏塔的塔顶采出量 D 逐渐降低，达到零时，冷凝器里所有的冷凝液全部回流到塔里，这种情况就称为全回流。在全回流条件下，回流比 R 趋于无穷大，那么方程式 (4.12) 就变成了

$$Y_{N+1} = X_N \qquad (4.13)$$

这就意味着在全回流的条件下，精馏塔的操作曲线和 M-T 曲线的对角线完全重合（见图 4.4 中的曲线 A）。从式(4.12) 也可以看出，在操作曲线的最顶端，当塔顶液相的组成等于采出的馏分的组成，即 $X_N = X_D$ 时，$Y_{N+1} = X_D$。这说明精馏塔的操作曲线的最顶端和对

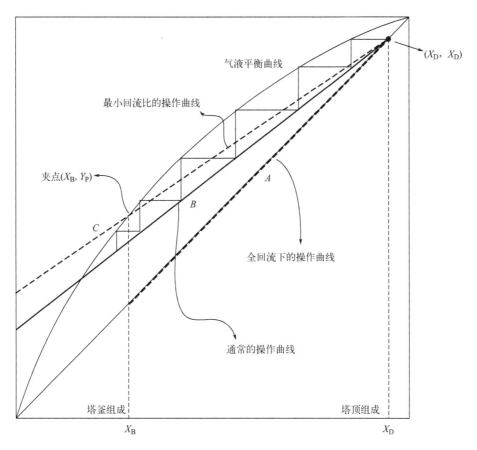

图 4.4　间歇精馏塔不同回流比下的 M-T 操作曲线

角线相交，交点是（X_D，X_D）。和连续精馏相同，在全回流的条件下，因为气液平衡线和操作曲线的间距最大，所以为达到某个分离效果所需的理论板最少。如果从塔顶向下逐级计算，所需的分离级数最少。反过来而言，如果在精馏塔已经固定的情况下，即设备的理论板数已经确定的情况下，全回流操作能达到最好的分离效果。不论是连续精馏，还是间歇精馏，在开车的初期阶段都需要进行全回流操作。这样做一部分原因是需要用回流的液体润湿全部的填料提高填料的分离效率，更重要的原因是全回流下体系的分离效果最好。如果在全回流下无法达到分离要求，那么精馏塔的操作就不能进行。

（2）最小回流比

当塔顶冷凝的物料不全部回流到精馏塔，而是有部分采出的时候，精馏塔的操作曲线可以由图 4.4 中的曲线 B 表达。如果从塔顶的液相组成开始，由气液平衡曲线和操作曲线交替阶梯作图，就能得到达到预定的分离效果（塔顶的组成 X_D，塔釜的组成 X_B）所需的塔板的数量。在图 4.4 中，对于操作曲线 B，所需要的塔板大约 5.5 块，圆整后选取 6 块。从方程式(4.12)看，操作曲线的斜率是

$$斜率 = \frac{R}{R+1} = \frac{1}{1+\dfrac{1}{R}} \tag{4.14}$$

冷凝液回流的量越少，即回流比越小，操作曲线的斜率也越小，操作曲线会变得越来越平。如果我们从塔顶液相组成开始画出阶梯图形，随着回流比的减少，所需的塔板会逐渐增多。但是，如果想达到所需的分离要求，回流比不能无限降低。如图4.4所示的曲线 C 就代表了最小回流比下的操作曲线。由塔釜的分离要求 X_B 向上画一条垂直于底部 X 轴的直线，并和气液平衡线相交，交点为（X_B, Y_P）。从塔顶的 X_D、X_D 点连接一条直线到这个交点。这条直线就是达到所需分离要求的最小回流比下的操作曲线。这是因为，如果我们从塔顶的液相组成 X_D（假设使用全冷凝器，即塔顶的蒸汽全部冷凝为液体）阶梯作图获取所需的塔板数，在 X_B 和气液平衡线的交点形成夹点。在夹点处，塔板数趋于无穷大，此时即是最小回流比下的操作曲线。如果塔节和冷凝器的持液和塔釜进料相比很小可以忽略不计，那么塔釜的组成 X_B 就是精馏塔的初始进料的组成 X_F。也就是说，只要我们知道进料的组成，就能估算一个间歇精馏塔的最小回流比。这在精馏塔的设计中有重要的指导意义。

从上面的推导，我们可以得出最小回流比下的操作曲线的斜率为

$$最小回流比下的操作曲线斜率 = \frac{X_D - Y_P}{X_D - X_B} \tag{4.15}$$

根据方程式(4.10)，我们可以得到最小回流比为

$$R_{\min} = \frac{X_D - Y_P}{Y_P - X_B} \tag{4.16}$$

上面的最小回流比计算方法适用于普通的物料体系。对于某些特殊的体系，其气液平衡曲线有拐点，比如乙醇和水的气液平衡曲线，其最小回流比的计算分为2种情况，如图4.5所示。从所需要的塔顶组成出发的操作曲线和气液平衡曲线相切，切点是（X_Q, Y_Q）。同时，这条切线和气液平衡曲线还有一个交点（X_F, Y_F）。如果物料的初始进料组成低于 X_F，那么最小回流比按照方程式(4.16)进行计算。切线交点所对应的组分 X_F 是可以利用方程式(4.12)计算的最高的组分浓度，即 $X_{F,\max}$。如果物料的初始进料组成高于 $X_{F,\max}$，那么最小回流比必须由切点来确定，即由下面的方程进行计算：

$$最小回流比下的操作曲线斜率 = \frac{X_D - Y_Q}{X_D - X_Q} \tag{4.17}$$

所以，最小回流比为：

$$R_{\min} = \frac{X_D - Y_Q}{Y_Q - X_Q} \tag{4.18}$$

对于乙醇-水体系，在常压下，在进料组成超过 $X_{F,\max}$，而塔顶的乙醇摩尔组成设定为0.8时，其最小回流比在1左右。在间歇精馏操作中，一般选用的回流比在最小回流比的1.5~10倍[20]。因为一个间歇精馏塔的能耗（主要是塔釜的加热量）和回流比直接相关。在保证分离要求的情况下，人们总是希望使用最小的回流比，以达到节能的目的。但是，上述推导表明，对于一个特定的分离要求，存在一个最小的回流比。这对于人们进行间歇精馏塔的概念设计非常有用，我们会在以后的章节里详细说明。

塔板/填料效率：在前面的间歇精馏塔的分析中，我们做了一个假定，即每一块塔板的气液是平衡的，也就是说从第 i 块塔板下行的液相组成 X_i 和上行的气相组成 Y_i 处于气液平

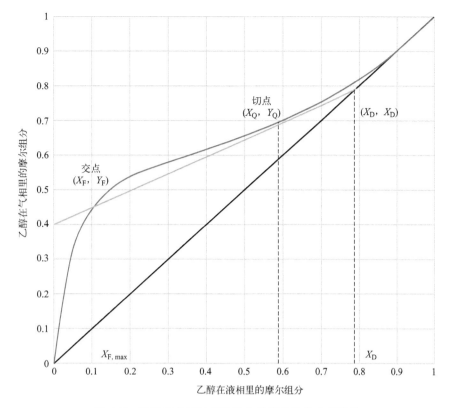

图 4.5　带有拐点的气液平衡曲线体系的最小回流比

衡状态。但是，在实际的精馏塔操作中，因为传质和传热速度的影响，气液两相无法达到平衡状态。为了表征这种情况，人们引入了板效率的概念，使用最广泛的就是默弗里（Murphree）效率。

　　按照最简单的二元混合体系来考虑，下面是默弗里板效率的定义，方程中的组成都是对于轻组分而言（见图 4.6）。

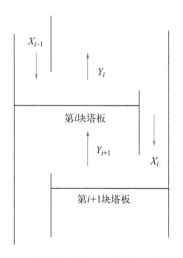

图 4.6　二元物系在第 i 块塔板上的气液组成

默弗里气相板效率：

$$\eta_{\mathrm{v}} = \frac{Y_i - Y_{i+1}}{Y_i^* - Y_{i+1}} \tag{4.19}$$

在方程式（4.19）中，Y_i 是从第 i 块塔板离开的实际气相组成，而 Y_i^* 是和第 i 块塔板的液相组成 X_i 达到平衡的气相组成。同样，也可以定义基于液相组成的板效率。

默弗里液相板效率：

$$\eta_{\mathrm{l}} = \frac{X_i - X_{i-1}}{X_i^* - X_{i-1}} \tag{4.20}$$

在方程式（4.20）中，X_i 是从第 i 块塔板离开的轻组分的实际液相组成，而 X_i^* 是和第 i 块塔板的气相组成 Y_i 达到平衡的液相组成。默弗里板效率反映的就是实际塔板的气相或液相的传质情况和假设气液达到平衡条件下的传质情况的比值。默弗里板效率的定义的基本假设是一个塔板上下降的液体是完全混合的，上升的气体也是完全混合的。在这种情况下，默弗里板效率总是在 0 和 1 之间。但是，需要提醒读者的是，在直径很大的精馏塔中，并不能保证塔板上的液体是完全混合的。在液体流过塔板的过程中，易挥发组分会被优先蒸发出来，而塔板上液体里易挥发组分的浓度会沿塔板逐渐降低。这样就会导致第 i 块塔板上升的轻组分的平均气相组成有可能比和第 i 块塔板流出的液体相平衡的气相组成还要高。这就会导致计算的某块塔板的默弗里板效率大于 1。

对于二元物系，因为每一相里的 2 个组分的摩尔分数加和必须等于 1，因此不管采取哪个组分计算默弗里板效率都是相同的，但是对于多组分混合体系，按照每个组分计算的默弗里效率值都不相同，而且在具体计算中，还有可能出现计算的效率是负值的情况。尽管如此，默弗里板效率的使用还是非常广泛，因为它概念明确，计算非常简单。在几乎所有的商业化精馏过程模拟软件中，都允许使用者输入默弗里效率来估算更符合实际的分离效果。另外需要指出的是，由于气相和液相的默弗里板效率值并不一定相同。以及传质和传热的影响，每一块塔板的默弗里板效率也不尽相同。在工业生产中，根据塔板设计和气速的不同，默弗里板效率一般为 60%～80%，但是如果操作不当，甚至可以低到 40%～50%。在精馏塔设计中，一般只对塔节中的塔板进行默弗里板效率的计算和评估，对于塔顶的部分冷凝器和塔釜的部分再沸器，气液两相非常接近平衡状态，所以完全可以视它们为一块完整的理论板。

塔板的气液不能达到平衡，即默弗里板效率不能达到 1，对精馏塔分离的影响可以使用图 4.7 来说明。在图 4.7 中，对于第 i 块塔板，从 $i-1$ 块塔板流下来的液体的组成是 X_{i-1}。通过操作曲线，可以计算出第 i 块塔板的气相组成是 Y_i。在第 i 块塔板上，和 Y_i 相平衡的液体组成应该是 X_i^*，但是因为其默弗里板效率（液相板效率）低于 1，实际从第 i 块塔板流出的液体的组成是 X_i。然后再根据操作曲线，利用 X_i 就可以得到第 $i+1$ 块塔板的气相组成。如果我们从塔顶的液相组成 X_D 开始计算，按照每一级的默弗里效率计算相对应的气液平衡值，我们就得到图 4.7 里的实线阶梯曲线。虽然一个二元物系的气液平衡曲线在特定的温度和压力下是确定的，但是因为塔板上默弗里效率小于 1，就会导致实际的气液平衡线（称为虚拟气液平衡曲线）更接近对角线。这就会造成在实际的操作过程中，达到特定的分离效果需要的塔板数比假定每一块塔板上气液达到平衡的情况下的塔板数（图 4.7 里的虚线阶梯线）要多。换句话说，因为塔板的默弗里效率不能达到 1，达到某个分离要求所需要的塔板数要更多。

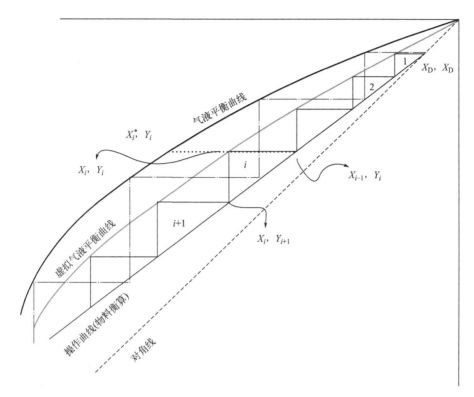

图 4.7　默弗里板效率对实际分离的影响

上述的板效率的分析是基于板式塔的，对于填料塔，一般采用等板高度（HETP）来表征不同操作条件下填料的传质效率，即能达到气液平衡所需的填料层的高度。HETP 越小，传质效率越高，需要达到某个分离要求的填料层越低，相应塔的总高度也会降低，设备的投资额会相应降低，所以，人们总希望使用更高效的填料。

4.2　间歇精馏塔的操作方式

间歇精馏塔一般有以下几种常用的操作方式，我们接下来对这些操作方式进行一些比较和分析。

4.2.1　固定回流比模式

对于间歇精馏塔，在经过初始的物料加入，加热进行全回流后，一个最简单的操作方式就是固定一个回流比，不断地在塔顶把馏分采集出来。因为间歇精馏塔初始加入的物料是固定的，轻组分会优先被富集到精馏塔的塔顶，随着轻组分的不断采出，塔顶和塔釜的物料组成都会随时间变化而变化。在这种操作方式下，不断收集塔顶的馏分，直到塔顶的馏分组成（可以是所有收集馏分的平均组成或者瞬时采集的馏分的组成）达到某个预先设定的值后停止。

固定回流比下的塔顶和塔釜组成的变化利用 M-T 曲线可以更清楚地说明。图 4.8 显示了一个有 4 块理论塔板的间歇精馏塔在恒定回流比下的操作情况。在初始时间，塔顶的物料组成是 $X_{D,0}$，而此时塔釜的组成是 $X_{B,0}$。从方程式(4.12)看，精馏塔的操作曲线的斜率是 $\dfrac{R}{R+1}$，在恒定回流比下，该塔的操作曲线的斜率也会保持恒定。精馏塔的实际操作曲线就是一组相互平行的曲线。而随着轻组分的不断采出，塔顶的轻组分组成会逐渐下降，而塔釜的重组分的组成会逐渐上升。当精馏结束的时候，塔顶的组成是 $X_{D,t}$，而此时塔釜的组成是 $X_{B,t}$。应该注意的是，不论是初始时间的操作曲线，还是结束时间的操作曲线，精馏塔的理论板数始终是 4 块。

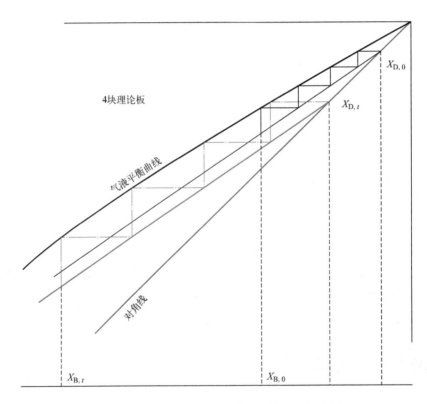

图 4.8　恒定回流比条件下的塔顶和塔釜组成的变化

在间歇精馏操作中，我们最关心的是塔顶采出馏分的纯度及其摩尔（或质量）数量。显然，采集的馏分的纯度和采集的馏分量是有一定矛盾性的。如果我们需要很高的纯度，那么采集的馏分量就会比较少。相反，如果需要更多的馏分采集量，那么馏分的纯度就会降低。如果想确定最合理的馏分纯度和馏分采集量，那么就需要知道在间歇精馏操作中任意时刻下塔顶的馏分量和其馏分纯度随时间的变化。

　　图 4.9 显示的是一个最简单的二元物系的间歇精馏操作的过程。在精馏开始的时候，塔釜一共有物料 $B_0(\mathrm{mol})$，其轻组分的组成是 $X_{\mathrm{B},0}$，也就是物料的初始浓度。随着精馏的进行，塔顶的馏分不断采出，直到塔釜的物料低于某个设定值 B_{f}。

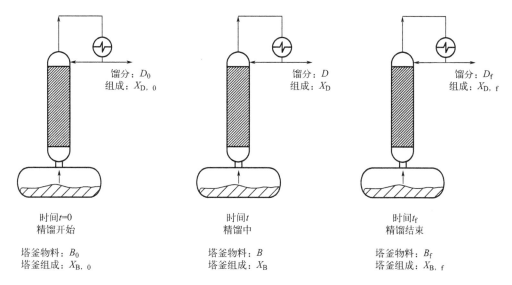

图 4.9　二元物系间歇精馏中馏分和塔釜物料的变化

　　我们考虑在精馏过程中的某个时刻 t，塔釜里的物料的总物质的量是 B，轻组分的组成是 X_{B}，那么塔釜里的轻组分的量是 BX_{B}。在下一个时刻 $t+\mathrm{d}t$，塔釜里的物料的总物质的量是 $B+\mathrm{d}B$，轻组分的组成是 $X_{\mathrm{B}}+\mathrm{d}X_{\mathrm{B}}$，而塔顶采出的物料量是 $\mathrm{d}D$，其轻组分的组成是 X_{D}。如果我们忽略掉塔节里物料的累积，那么会得到如下总的物料衡算和对于轻组分的摩尔衡算：

$$\mathrm{d}B + \mathrm{d}D = 0 \tag{4.21}$$

$$BX_{\mathrm{B}} = \mathrm{d}DX_{\mathrm{D}} + (B+\mathrm{d}B)(X_{\mathrm{B}}+\mathrm{d}X_{\mathrm{B}}) \tag{4.22}$$

对方程式(4.22) 进行整理，得到

$$BX_{\mathrm{B}} = \mathrm{d}DX_{\mathrm{D}} + BX_{\mathrm{B}} + B\mathrm{d}X_{\mathrm{B}} + \mathrm{d}BX_{\mathrm{B}} + \mathrm{d}B\mathrm{d}X_{\mathrm{B}} \tag{4.23}$$

我们把方程式(4.21) 代入方程式(4.23)，并且忽略二阶的无穷小项，就得到如下的方程

$$\frac{\mathrm{d}B}{B} = \frac{\mathrm{d}X_{\mathrm{B}}}{X_{\mathrm{D}} - X_{\mathrm{B}}} \tag{4.24}$$

如果我们在精馏的初始时间到任意时刻 t 对方程式(4.24) 进行积分，则可以得到

$$\int_{B_0}^{B} \frac{\mathrm{d}B}{B} = \int_{X_{\mathrm{B},0}}^{X_{\mathrm{B}}} \frac{\mathrm{d}X_{\mathrm{B}}}{X_{\mathrm{D}} - X_{\mathrm{B}}} \tag{4.25}$$

$$\ln\left(\frac{B}{B_0}\right) = \int_{X_{\mathrm{B},0}}^{X_{\mathrm{B}}} \frac{\mathrm{d}X_{\mathrm{B}}}{X_{\mathrm{D}} - X_{\mathrm{B}}} \tag{4.26}$$

　　方程式(4.26) 的求解可以利用图解法。塔釜里轻组分的初始浓度 $X_{\mathrm{B},0}$ 已知，在一个确定的回流比下，就可以画出初始条件下的操作曲线。然后在维持其斜率不变的情况下调节操作曲线的位置，直到从塔顶组成（操作曲线和对角线的交点）阶梯画理论板数和精馏塔实际的理论板数相等，此时得到的塔顶组成就是该精馏塔的塔顶的初始组成 $X_{\mathrm{D},0}$。

在恒回流比精馏操作中，因为回流比保持不变，操作曲线的斜率也会保持不变。如果在任意时刻 t，把塔顶的组成 X_D 和塔釜的组成 X_B 记录下来，按照图 4.10 进行作图。图中阴影部分就是方程式 (4.26) 右边的积分项，它等于此时塔釜剩余的物料量和初始物料量的比值的自然对数。这样，我们就能得到塔釜的物料量和塔釜组成随时间的变化。

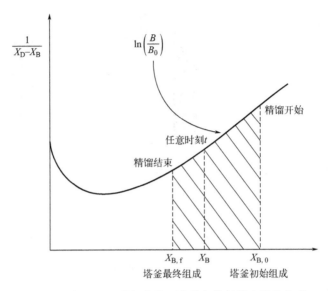

图 4.10　恒回流比精馏条件下的塔釜物料量和塔釜组成

根据物料平衡，我们可以得到如下的方程：

$$B_0 = D + B \tag{4.27}$$

$$B_0 X_{B,0} = D X_{D,avg} + B X_B \tag{4.28}$$

这样，我们也能同时获得塔顶的总采出量 D (mol) 和其平均组分 $X_{D,avg}$ 随时间的变化。通过了解这些变量随时间的变化，我们可以选取适合的采出量，以保证馏分的产品质量。

在恒定回流比情况下所需要的精馏时间可以由塔釜的蒸发速率来计算。塔釜的蒸发速率和回流比直接相关，因为如果忽略塔节里的持液量（和总的物料比较起来一般很小），所有在塔釜蒸发的物料都会在塔顶冷凝下来，那么任意时刻下的塔釜蒸发速率和馏分的采集速率都有如下的关系：

$$V_t = (R+1)D_t \tag{4.29}$$

式中，V_t 是瞬时的塔釜的蒸发速率，mol/s；D_t 是瞬时的塔顶馏分的采出速率，mol/s。在回流比固定的情况下，当塔釜蒸发速率恒定的时候，塔顶馏分的采出速率也维持恒定。

一般而言，在塔径已经确定的情况下，一个精馏塔内最大的蒸汽流量速率（m^3/s）也固定下来，即保持在低于精馏塔液泛气速下的一个安全的蒸发速率。在固定回流比的情况下，精馏塔的采出速率 D_t(mol/s) 也就保持不变。那么，间歇精馏所需要的精馏时间等于总蒸发量除以精馏过程中的蒸发速率：

$$t = \frac{(R+1)D}{V_t} \tag{4.30}$$

固定回流比操作非常简单，所以在间歇精馏操作中使用广泛，但是，从上面的分析可以看出，如果塔顶馏分要求的纯度很高，那么采出量就相对较少，单次操作回收的产品就很少，所以，这种操作一般对沸点差别很大的混合物的分离比较适合。

4.2.2　固定塔顶组成模式

间歇精馏塔的另外一种常见的操作方式是调节回流比，保持采出的塔顶馏分的组成不变。这种操作更适合于对产品纯度要求比较高的场合。因为间歇塔初始的添加物料是固定的，随着最轻的组分优先从塔顶蒸出，塔顶馏分的纯度会随着时间的推移逐渐降低。为了保持塔顶馏分的纯度，必须让更多的冷凝液回到精馏塔里，也就是需要提高回流比。我们同样利用 M-T 图来分析这种操作条件下的馏分和纯度随时间的变化。图 4.11 描述了在塔顶馏分的组成不变的情况下，精馏塔的操作曲线随时间的变化情况。因为塔顶的组成保持不变，而且我们假设使用全冷凝器，所以任何一条操作曲线与对角线的交点都是（X_D，X_D），也就是分离想达到的塔顶组成。最初的回流比是 R_0，此时塔釜的轻组分的组成是 $X_{B,0}$，也就是精馏塔里加入物料的原始组成。随着精馏的进行，回流比逐渐增加，操作曲线在纵坐标上的截距 $\dfrac{X_D}{R+1}$ 会逐渐减少。操作曲线的变化相当于以所需要的塔顶组成（X_D，X_D）为原点，按照逆时针持续旋转变化，这样才能保持塔顶的馏分组成不变。回流比的增加也会导致操作曲线的斜率增加，但是，常识告诉我们，回流比不能无限增加。当所有的塔顶冷凝液全部回流的时候（全回流），塔顶没有任何物料采出，也就达不到分离的目的。

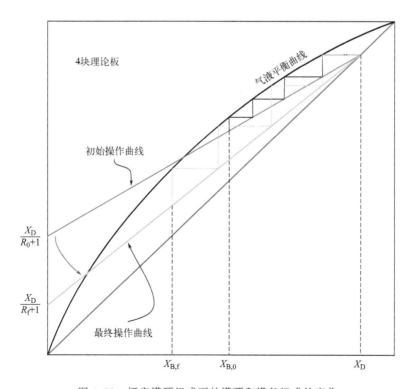

图 4.11　恒定塔顶组成下的塔顶和塔釜组成的变化

在实际的操作过程中，在远未达到全回流时，精馏操作就会停下来。下面通过一个例子来展示这一点。对于一个分离因子 $\alpha = 2$ 的二元物系，初始物料里轻组分的摩尔质量为 30%，图 4.12 显示的是为了维持塔顶轻组分纯度 98% 所需要的回流比随时间的变化。我们可以看到，到精馏的后期，为了维持塔顶的馏分的纯度，回流比会急剧增加，使得实际的精馏过程几乎不能持续，因为采出的物料太少了。图 4.13 显示的是回流比随塔釜的轻组分组成的变化情况。当塔釜的组成低于 5% 的时候，回流比大于 30，使得精馏过程无法持续。这些图都是使用 Mathematica 数学软件做出的动态图[30]，可以模拟不同的塔顶组成要求下的回流比随时间的动态变化，以及过程中相应的塔釜组成的变化，等等。这对于间歇精馏塔的初步设计有重要的参考价值。

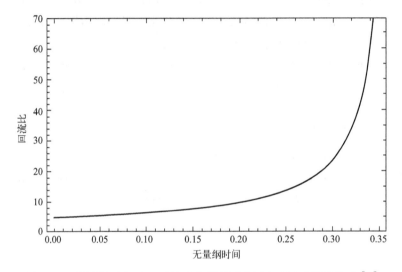

图 4.12　维持塔顶达到 98% 的纯度所需要的回流比随时间的关系[30]

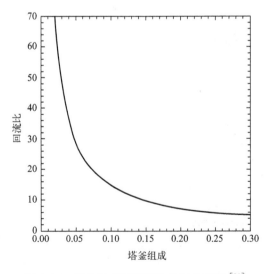

图 4.13　塔釜组成随回流比的变化关系[30]

在恒定塔顶组成的情况下，精馏塔釜的存液量和其组成可以由下面的方法来计算。首先，方程式(4.23)～式(4.26)对于恒定塔顶组成依然是适用的，但是因为塔顶的组成 X_D 现在是一个恒定的常数，方程式(4.26)右边可以很方便地积分出来，得到方程式(4.31)。

$$\frac{B}{B_0} = \frac{X_D - X_{B,0}}{X_D - X_B} \tag{4.31}$$

通过方程式(4.31)，任意时刻的塔釜存量和组成可以很方便地计算出来。在这种操作条件下的操作时间不能使用方程式(4.30)，因为回流比和采出的馏分量随时间的变化而变化。在方程式(4.31)中进行对时间 t 的微分，得到

$$\frac{dB}{dt} = B_0 \times \frac{(X_D - X_{B,0})}{(X_D - X_B)^2} \frac{dX_B}{dt} \tag{4.32}$$

根据物料平衡，并忽略塔节的气液物料的累积，得到

$$\frac{dB}{dt} = -\frac{dD}{dt} = D_t = \frac{V_t}{R+1} \tag{4.33}$$

把方程式(4.33)代入方程式(4.32)中，考虑到 X_D、B_0、$X_{B,0}$、V_t 在恒定塔顶组成的条件下都是常数，我们就可以得到塔釜组成达到任意组成 X_B 时精馏所需的时间：

$$t = \frac{B_0(X_D - X_{B,0})}{V_t} \times \int_{X_B}^{X_{B,0}} \frac{R+1}{(X_D - X_B)^2} \times dX_B \tag{4.34}$$

在恒定塔顶组成的操作模式下，能获得更多符合纯度要求的馏分。但是，为了维持塔顶的组成恒定，需要采用能实时获取塔顶组成的分析设备，而且需要优良的控制系统及时根据分析结果反馈到控制器，并根据测量值和设定值的偏差来及时调整回流比。这样的控制系统以前在工业上很难实现，但是随着计算机的广泛应用，这种操作方式的应用越来越普及。

4.2.3　最优回流比模式

在这种操作下，回流比和塔顶组成都不是恒定的，而是根据设定的一个目标值来进行最优化。一般的目标包括最短的精馏时间、最大的符合纯度要求的馏分采出量、最佳的经济性（综合考虑操作时间、塔顶馏分采出量和塔釜加热量等等）等可以量化的指标。这种操作条件下的回流比需要通过目标函数的最优化条件进行调节。根据目前研究和模拟的情况看，最优回流比模式下的回流比基本介于恒回流比和恒塔顶组成下的回流比之间，为了达到设定的目标而选择的一个兼顾采出量和采出时间的最佳回流比。图 4.14 是以上提到的最常见的三种操作方式下的回流比和塔顶馏分组成的比较[31-33]。在最优回流比操作条件下，方程式(4.12)依旧适用。此时，回流比和塔顶组成都随时间变化，可以使用 M-T 曲线或逐板计算的方法计算任意时刻的塔顶组成和塔釜组成，然后计算出任意时刻的塔釜蒸发量和塔釜/塔顶组成的关系。根据物料组成的不同以及分离要求的不同，这种最优条件的优化一般都非常复杂，涉及需要使用的控制方法也比较复杂，在此就不再赘述，有兴趣的读者可以参考相关的文献[31]。

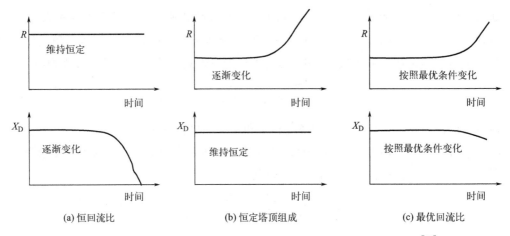

(a) 恒回流比　　　　　(b) 恒定塔顶组成　　　　　(c) 最优回流比

图 4.14　三种最常见的间歇精馏塔的回流比和塔顶馏分组成的比较[33]

4.2.4　其他的操作方式

　　除了上面介绍的两种最常见的操作方式，间歇精馏塔还有其他几种操作方式。其中一种是全回流-全采出循环操作模式。这种操作一般分 3 个阶段，如图 4.15 所示。首先，间歇精馏塔加入初始物料以后进行加热。塔顶的蒸汽进入冷凝器后冷凝进入回流罐。此时，保持回流液 L 为 0，或极小的流速，大部分的冷凝液在回流罐里累积，直到达到预先设定的液位。在第 2 阶段，没有任何采出，进行全回流操作。此时，回流比趋于无限大，全塔的分离效果达到最优，塔顶轻组分的纯度最高。在全回流操作下达到稳态，即回流罐里的物料组成、塔顶的温度、压力等不随时间变化。在第 3 阶段，在没有回流，或极小的回流的情况下，把回流罐里的物料以最快的速度全部采出。接着进入下一个循环，重新按照上面的 3 个阶段进行操作，直到塔顶馏分低于某个设定值或其他的终止条件。

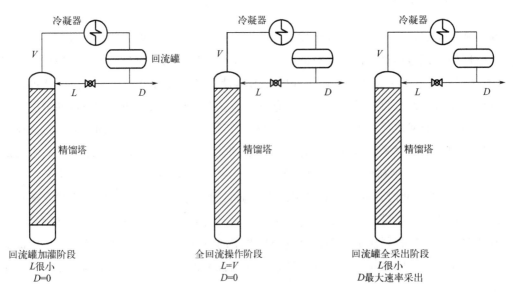

图 4.15　全回流-全采出循环操作方式

这种全回流-全采出的操作方式与前面提到的操作方式相比有如下优点[33]：

① 因为过程中使用全回流操作，精馏塔的分离达到最佳效果；

② 系统的控制变得非常简单，非常难控制的参数，比如回流比、馏分采出的速度等都不需要；

③ 对体系的波动变化不敏感，特别适用于没有高级自动化控制设备的工厂。

在全回流-全采出的操作条件下，可以优化的主要参数包括回流罐的持液量（每一次循环不一定相同）、循环的次数等等。在保证分离要求的限制条件下，研究表明上述的操作方式比传统的恒回流比或恒定塔顶组成的操作方式可以节省 30％的操作时间或者提高 10％～20％的产品回收率[33-34]。但是，这种操作方式的数学优化是比较困难的。即使使用简化模型，要通过计算机模拟得到最优的操作条件也是非常困难的。一般情况下，实验室测试就显得非常有必要，这使得此类操作方式在工厂里使用得很少。目前的文献都认为这种操作对于产品是轻组分，而且量比较小的情况非常合适。这在制药和精细化工行业的大量废水里的溶剂回收中应该有广泛的应用前景。

这种全回流-全采出循环操作特别适合在实验室使用。因为在实验室的精馏塔很小，处理量小，流速也很低，造成测量不准确，而这种操作简单易行，分离效果也很好。

4.2.5　持液量的影响

在前面各种不同的操作方式的讨论中都有一个假设，即精馏塔的塔节、冷凝器和回流罐的持液量可以忽略不计。在实际的操作过程中，气相的持液量极少，可以忽略不计，但是如果液体的持液量比较大，比如使用筛板塔或冷凝器/回流罐体积比较大的情况下，液体的持液量对分离其实是有很大影响的。

液体持液量对分离的影响表现在 2 个方面。第一，因为塔节、冷凝器和回流罐里持液的存在，在精馏塔进行全回流操作后进行馏分切除的时候，塔釜里的轻组分的含量会比没有任何持液的情况下要低。这是因为轻组分总是在冷凝器/回流罐和塔节这些高于塔釜的地方富集，造成持液的轻组分的含量比塔釜高，那么塔釜里的轻组分的含量就会相应降低。根据前面的 M-T 曲线，在精馏塔已经确定的情况下，其理论板数也是确定的。塔釜的轻组分低的情况下，如果要达到某个设定的塔顶馏分的纯度，就需要更高的回流比，也就是说分离难度变得大了，这是一个不利的因素[20]。第二，这些持液相当于一个缓冲器，任何操作的变化带来的精馏塔中物料组成的变化都比没有持液时要缓慢。这种由持液带来的组成变化的"惯性"作用有时被称为"飞轮效应"，即和汽车发动机上飞轮的减缓作用类似。这种持液的"飞轮效应"可以由持液的更新时间来表征：

$$\tau = \frac{\text{持液量(mol)}}{\text{回流速率(mol/s)}} \tag{4.35}$$

很显然，持液量越大，或者回流速率越小，精馏操作的滞后性越大。这种滞后性会造成精馏塔的分离不如没有持液时的分离尖锐。图 4.16 显示的是不同的持液量对分离的影响[33]。由乙醇和异丙醇按照摩尔比 1∶1 混合的物料在有 8 个理论板的精馏塔中，按照回流比为 19 进行操作时的塔顶和塔釜物料组成随时间的变化分 3 种条件在图 4.16 中表示。

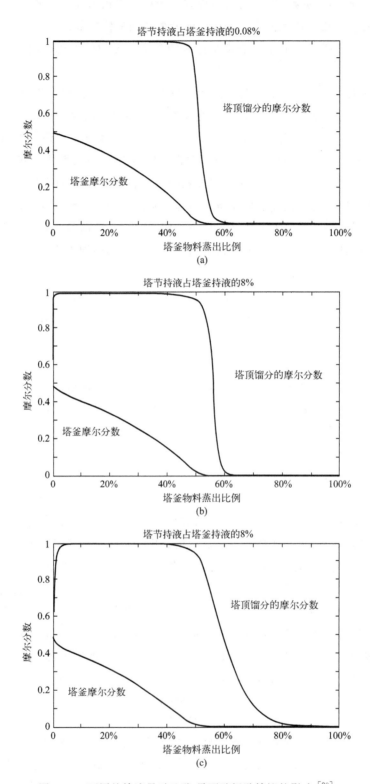

图 4.16　不同的持液量对乙醇-异丙醇间歇精馏的影响[20]

图 4.16（a）中，每块塔板的持液量只占总物料的 0.01％，而回流罐占 0.1％。这种持液很少的情况下，塔顶乙醇的纯度在乙醇馏分切除快接近结束的时候迅速下降。在乙醇和异丙醇之间的中间馏分大概只占总物料的 10％。在图 4.16（b）中，每块塔板的持液量占总物料的 1％，而回流罐占 0.1％。此时可以发现塔顶乙醇的纯度很早就开始下降。如果需要 2 个组分的完全分离，中间馏分的量要比图 4.16（a）大得多。在最后一个情形图 4.16（c）中，每块塔板的持液量占 1％，而回流罐占 5％，总持液量占总物料的 13％。显然，塔顶乙醇的变化慢得多。如果需要得到相对较纯的乙醇和异丙醇，中间馏分的量会相当大，造成符合要求的乙醇和异丙醇的量都会非常少，精馏的效率大大降低。可见，持液量太大对于分离的经济性造成很大的负面影响。这就要求在精馏塔设计中，尽量减少塔板，尤其是回流罐、管道或其他附属设备的持液量，保证分离能更有效地进行。在第 8 章的精馏模拟中，我们还会通过一个具体的案例对此进行进一步的说明。

4.2.6　中间过渡组分的处理

因为持液量的影响，在间歇精馏过程中，收集每一个成品的前后都会有中间过渡馏分。比成品轻的馏分通常称为"前馏分"，比成品重的馏分称为"后馏分"。尽管这些馏分中成品的纯度不合格，但是其占有的成品绝对量并不小。为了尽可能地增加成品的回收率，这部分中间过渡馏分需要收集起来进一步回收再处理。再处理的方式有很多种，目前在国内工业界使用最多的是把上一批精馏得到的纯度不达标的前馏分和后馏分混入到下一批的新鲜物料里，然后统一进行精馏分离。另外一种常用的方法是把每一个中间过渡馏分都单独收集起来，等到积攒到一定的量以后，在间歇精馏塔里对每个过渡馏分单独进行精馏。Luyben 等人对间歇精馏过程的过渡组分的处理方式做了很详细的计算和比较[35]。他们考察了 2 个不同相对挥发度的虚拟三元混合物，在 2 种产品纯度要求（95％和 99％）下的中间过渡馏分的处理情况。对于 6 种可能的中间过渡馏分的处理方式按照处理因子（即单位时间内成品的数量）进行了严格的比较。除了上面提到的 2 种操作方式外，还包括在下一批间歇精馏过程中，当某一块塔板上的组成和中间过渡馏分类似的时候，把中间过渡馏分从这块塔板加入的方式。另外一种是把不同的过渡馏分分别加入到精馏塔的不同位置，比如第 1 个过渡馏分加入到回流罐，第 2 个过渡馏分加入到塔釜，等等。总之，这些不同的处理方法可以大致分为 2 类。第 1 类是所有的或者部分的过渡馏分和新鲜物料发生了混合，第 2 类是不同的过渡馏分和新鲜物料完全分离。结果表明第 2 类的处理方式比第 1 类在处理因子上能高出 38％。这个结果具有一定的普遍性，因为在前面的操作中已经把物料进行了部分分离，再把这些过渡馏分混合起来显然会造成时间和能量的浪费。

4.3　半连续精馏

在本章的前几节里，我们系统地介绍了间歇精馏的几种操作模式。除了常见的连续精馏和间歇精馏，还有一种半连续的精馏操作在某些特殊的工业领域有极其重要的作用。一个重要的应用是萃取精馏，其在分离中的重要性，在第 6 章里会有更详细的介绍。另外一个重的应用领域是医药和精细化工行业里脱除溶剂或一个占比非常大的轻组分。

半连续精馏操作是一种介于连续精馏和间歇精馏的操作方式，它兼具了连续精馏的高效和间歇精馏的灵活性的优点，在设备运行上表现出更大的操作弹性和灵活性，是一个未来有极大发展潜力的操作方式。图 4.17 是一个典型的半连续精馏塔的流程图。半连续精馏塔的设置和一般的间歇精馏塔类似，但是有 2 个重要的不同。第一，半连续精馏塔的塔釜体积比连续精馏塔的塔釜大得多，和间歇精馏塔类似。这是因为在半连续精馏中，塔釜里需要预先放入部分物料并承接更多的脱除轻组分后的物料。第二，不同于间歇精馏塔，初始物料一般会在精馏操作前全部加入到塔釜中，半连续精馏塔设有和连续精馏类似的连续进料口。根据物料和分离要求的不同，进料口的位置为图 4.17 显示的两种常见的方式。第一种进料位置在塔顶第一块塔板的上部或非常接近第一块塔板的地方。这种进料位置一般应用在萃取精馏中，用来加入萃取剂。第二种进料方式用来加入新鲜的物料。使用这种进料方式的物料一般含有大量的溶剂或轻组分。比如，在许多制药和精细化工的合成过程中需要使用大量的溶剂，而在反应结束后需要首先把溶剂蒸出来回收，才能进一步提纯所需要的产品。如果采用连续精馏的方式，这就要求进料的组成和进料量不能变化太大，否则按照某个操作要求下设计的连续精馏塔不能满足批次组成变化比较大或处理量突然增加的情况。所以，目前工厂里通常的操作是使用间歇精馏塔进行溶剂的回收，然后切除过渡馏分，再进行主产品的收集。在这种操作方式下，因为塔釜的容积总是有限的，即使塔釜里的物料加入量达到最大，在溶剂去除以后，塔釜中有效的产品量是非常少的。如果再考虑到塔节，冷凝器和回流罐都有一定的持液量，每批精馏操作能获得的符合纯度要求的产品量会非常少，导致整个精馏过程的效率会非常低下。

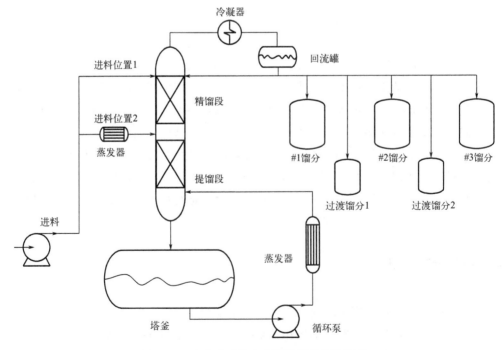

图 4.17 一个典型的半连续精馏塔的流程图

在这种情况下，如果使用半连续精馏，就会大大提高生产效率。在半连续精馏操作中，首先在塔釜中加入部分物料，加热物料进行全回流后，开始切除溶剂或轻组分，同时，另一部分新鲜的物料使用泵经过蒸发器后进入塔的中部，就和连续精馏塔一样。通过调节回流比和进料的温度，可以把新鲜进料中溶剂和轻组分经过进料口上面的精馏段直接去除，而不经过塔釜和进料口下面的提馏段。因为塔釜的容积比较大，等大部分的溶剂去除以后，塔釜中产品量的累积就会非常大。此时，再进行常规的间歇精馏操作，把过渡组分采出后就可以采出大量的产品。这样，一次精馏操作可以节省大量的时间，而且在进料组成和进料量发生重大改变的时候，可以比较容易地进行调整。根据笔者的工厂经验，使用半连续操作可以比间歇精馏节省 30%～50% 的操作时间，而且中间过渡馏分大大减少，生产效率大为提高。

第 5 章
间歇共沸精馏

5.1　共沸精馏

　　在前一章中，我们对间歇精馏的操作进行了比较详细的论述。应该指出，这些讨论都是对于气液平衡相对简单的物系，比如近似理想液体（同一类物料，苯和甲苯）或简单的非理想液体（比如水和甲醇）。在实际的工业生产过程中，有很多更为复杂的气液平衡体系，比如共沸体系。处理这些复杂的气液平衡体系的分离仅仅使用第 4 章的知识是不够的，必须针对这些特殊的物系采用特殊的分离方法。这是因为，在共沸条件下，气相和液相的组成完全相同，使得分离的推动力降为零，使用常规的精馏操作无法进一步提纯得到最终的纯组分，共沸成为一个分离的瓶颈。

　　在第 2 章里，我们已经对共沸体系做了简要的介绍。一个二元或多元混合体系有共沸现象是因为混合物里不同分子之间的作用力和相同分子之间的作用力不同。分子间作用力是研究共沸现象或其他的气液平衡现象的基础和本质，只有对不同和相同分子之间的作用力进行充分的研究，才能正确解释各种看似不合常理的气液平衡现象，并找到合理的分离手段对混合物进行最有效的分离。

　　根据分子间力强弱的差异，混合体系可能会形成均相共沸和多相共沸。均相共沸是指在气液平衡条件下，和蒸气相平衡的液体只有一相，而多相共沸是指和蒸气相平衡的液体是两相或多相。

5.1.1　共沸物的判定

考察一个待分离的混合体系里是否有共沸现象是设计一个有效的分离工艺最重要的信息之一。如果不能正确地识别共沸现象，那么设计的分离工艺就会是完全错误的。试想一下，如果我们需要设计一个精馏工艺来分离异丙醇和水的混合物。在常压下，异丙醇的沸点是 82.5 ℃，而水的沸点是 100 ℃。按照常规的精馏知识，只要有足够的塔板和一定的回流比，就能在精馏塔的塔顶得到几乎纯的异丙醇。然而，事实却是，因为异丙醇和水存在共沸现象（常压下的共沸组成是质量分数为 87.9％的异丙醇和 12.1％的水），常规的精馏塔操作根本无法进行水和异丙醇的完全分离，在塔顶只能得到接近共沸组成的异丙醇和水的混合物。另一方面，共沸现象在实际的工业生产中又非常普遍。Gmehling 等收录的 18800 个二元混合物的气液平衡数据里，有大约 50％存在共沸现象[36-37]。

既然共沸现象在精馏分离过程中如此重要而又如此普遍，那么如何才能判断一个待分离的混合物里有共沸物呢？对于一个待分离的混合物，第一步是查找文献，以确定混合物里的组分在文献里是否记录有明确的共沸物。对于化工和医药行业里常用的溶剂类化合物，比如甲醇、乙醇、丙酮、乙酸乙酯、甲苯等等，大量的文献记载有明确测量的共沸物和其共沸组成。所有大的通用型化工过程计算机模拟软件（Aspen Plus、Chemcad、Hysys、Pro-Ⅱ 等等）中都包含有大量的共沸物数据库，可以非常方便地查询。从笔者使用的经验看，德国的 DDBST 数据库的数据最为全面。很多在其他数据库里无法查询到的共沸数据在 DDBST 中都可以查到。

DDBST 中收录的共沸物查询服务可以在其网站上很方便地进行，但是如果需要查看具体的数据则需要收费。为了使大家了解 DDBST 数据库的使用，DDBST 提供了 892 组免费的共沸数据。

其中，乙腈和苯的共沸物数据如图所示。图 5.1 中显示了 2 个压力条件下的乙腈-苯的共沸物的基本信息，包括共沸温度、共沸物的摩尔组成等等。而且，图中也显示了该共沸物的类型是压力最高的均相共沸物。最后，这些参数的原始文献和出处以及数据评价的来源等也列举了出来。

以上这些共沸数据都是经过实验测定的，而且大部分经过了热力学验证，应该是最可靠的数据来源。但是，在很多情况下，尤其是医药和精细化工行业，很多的物质是全新的，数据库里并没有相关的信息。此时，可以通过下面的计算方法进行预测。

Biegler 等提出了一个利用拓扑学考察气液平衡曲线的曲度的方法来检测二元混合物系里是否存在共沸物[36]。对于二元物系 A-B，首先计算每个组分在无限稀释性条件下的相对挥发度 K。比如组分 A 在无限稀释条件下的挥发度 K_A^∞，就是在大量的 B 里加入一滴 A 时［比如在实际计算时 A 采用 0.0001（摩尔分数）］，对混合物进行闪蒸，得到气液 2 相。这个闪蒸计算可以利用任何一个合适的活度系数模型（NRTL、UNIQUAC、WILSON 等等）来进行。如果没有相应模型的准确的二元交互参数，可以利用每个组分的分子结构来进行估算二元交互参数，比如 UNIFAC 方法。

气相里 A 组分的摩尔分数除以液相里 A 的摩尔分数就能得到组分 A 在无限稀释条件下

Components

No.	Formula	Molar Mass	CAS Registry Number	Name
1	C_2H_3N	41.053	75-05-8	Acetonitrile
2	C_6H_6	78.114	71-43-2	Benzene

Search the DDB for all data of this mixture

Data Table

Azeotropic Type	T[K]	p[kPa]	$y_{az, 1}$ [mol/mol]	$y_{az, 2}$ [mol/mol]	Measurement Method	Evaluation	Source
homPmax	318.150	37.197	n.a.	0.53000	Phase equilibrium	DDBST	2
homPmax	346.050	101.325	n.a.	0.51000	n.a.	Author	1

(y_{az}-vapor and liquid mole fraction)

List of Azeotrope Types

homPmax	homogeneous pressure maximum

List of References

1	Tripathi R.P.; Asselineau L.: Isobaric Vapor-Liquid Equilibria in Ternary System Benzene-n-Heptane-Acetonitrile from Binary t-x-Measurements. J. Chem. Eng.Data 20 (1975) 33-40
2	Palmer D.A.; Smith B.D.: Thermodynamic Excess Property Measurements for Acetonitrile-Benzene-n-Heptane System at 45℃. J. Chem. Eng. Data 17 (1972) 71-76

图 5.1   DDBST 免费数据库提供的乙腈-苯的共沸数据

的挥发度。气/液 2 相的比例对最终的计算结果几乎没有影响。

$$K_{\mathrm{A}}^{\infty} = \frac{Y_{\mathrm{A}}^{\infty}}{X_{\mathrm{A}}^{\infty}} \tag{5.1}$$

同理，我们也可以用同样的方法计算组分 B 在无限稀释条件下的相对挥发度 K_{B}^{∞}。这个闪蒸计算的结果显示在图 5.2 中。如果我们把乙腈作为 A，苯作为 B，气相中 A 的摩尔分数是 0.000143，而液相中 A 的摩尔分数是 0.000057。由此我们就可以得到组分 A 在无限稀释下的挥发度为：

$$K_{\mathrm{A}}^{\infty} = \frac{0.000143}{0.000057} = 2.51 \tag{5.2}$$

同理，从图 5.2 中也可以计算出组分 B 在无限稀释下的相对挥发度：

$$K_{\mathrm{B}}^{\infty} = \frac{0.000149}{0.000051} = 2.92 \tag{5.3}$$

分别计算出 2 个组分在无限稀释条件下的挥发度以后，可以根据图 5.3 来判断该体系是否存在共沸现象。图 5.3 是 A-B 二元物系的气液平衡曲线。气液平衡曲线既可以采用固定压力下的 T-xy 图 [比如图(a)]，或采用固定温度下的 P-xy 图 [比如图(b)]。任何气液平衡曲线都是从纯组分开始，然后结束于纯组分。因为是混合物，所以，气液平衡线总是有 2 条，一条是泡点线，显示的是平衡状态下的气相；一条是露点线，显示的是平衡状态下的液相。以图 5.3(b) 的 P-xy 图为例，每组气液平衡线里，下面的曲线一定是泡点线（因为压力更低，以粗线标识），而上面的曲线一定是露点线（以细线标识）。根据无限稀释条件下的

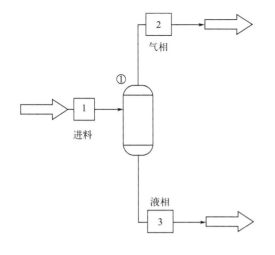

Stream No.	1	2	3
Name	Feed	Vapor	Liquid
--Overall--			
Temp K	298.1500	353.2764	353.2764
Pres kPa	101.3250	101.3250	101.3250
Enth MJ/h	0.62891	0.56214	0.36496
Vapor mole frac t1	0.0000	1.000	0.0000
Molar flow k mol/h	0.0128	0.0064	0.0064
Mass flow kg/h	1.0000	0.5000	0.5000
std llg m³/h	0.0011	0.0006	0.0006
std vap 0 C m³/h	0.2869	0.1435	0.1435
Component mole			
Ace tonitrile	0.000100	0.000143	0.000057
Benzene	0.999900	0 999857	0.999943

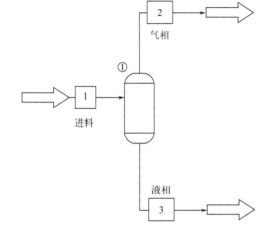

Stream No.	1	2	3
Name	Feed	Vapor	Liquid
--Overall--			
Temp K	298.1500	354.6280	354.6280
Pres kPa	101.3250	101.3250	101.3250
Enth MJ/h	0.99816	0.93288	0.56380
Vapor mole frac t1	0.0000	1.000	0.0000
Molar flow k mol/h	0.0244	0.0122	0.0122
Mass flow kg/h	1.0000	0.5000	0.5000
std llg m³/h	0.0013	0.0006	0.0006
std vap 0 C m³/h	0.5459	0.2730	0.2730
Component mole			
Ace tonitrile	0.999900	0.999851	0.999949
Benzene	0.000100	0.000149	0.000051

图 5.2　对乙腈-苯二元混合物在无限稀释（上图 A 在 B 中，下图 B 在 A 中）
条件下进行闪蒸得到的流股组分

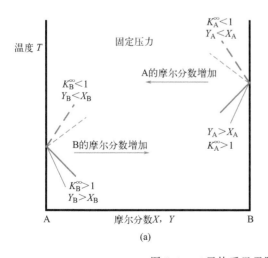

(a)

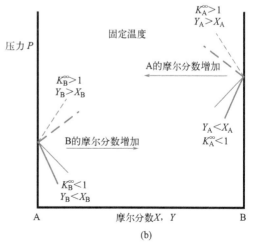

(b)

图 5.3　二元体系里无限稀释条件下的挥发度

气相和液相组分的相对大小，或者说接近于纯组分时的无限稀释条件下的挥发度是大于 1 还是小于 1，再考虑到泡点线和露点线不能反转，那么气液平衡曲线的形状只能有以下 4 种情形：

① 如果 $K_A^\infty<1$，$K_B^\infty<1$，那么气液平衡曲线都从两边向下延伸，中间必定是下弯的。在某个中间值，该体系必定存在一个最低压力点，即最低压力共沸点。

② 如果 $K_A^\infty<1$，$K_B^\infty>1$，那么气液平衡曲线没有任何弯折，即没有任何共沸点。

③ 如果 $K_A^\infty>1$，$K_B^\infty>1$，那么气液平衡曲线必定是从两边向上弯的，该体系必定存在一个最高压力点，即最高压力共沸点。

④ 如果 $K_A^\infty>1$，$K_B^\infty<1$，那么气液平衡曲线必定有 2 个弯折，也就是有 2 个共沸点，一个最高压力共沸点和一个最低压力共沸点，但是这种情况是罕见的。

根据这个气液平衡曲线的拓扑学规律，可以非常准确地判断出在一个未知的混合物体系里是否存在共沸现象。根据上面的结论，我们再来考察一下前面提到的乙腈-苯二元物系。因为通过闪蒸计算得到的无限稀释条件下的相对挥发度都大于 1，那么可以判断此物系存在一个最高压力的共沸点，这和 DDBST 提供的实验数据是吻合的。乙腈-苯在 350 K 温度下实测的 *P-xy* 曲线显示在图 5.4 中，这符合第 3 种情形。这种情况下，在液相里乙腈和苯的相同分子之间的吸引力更强，不同分子之间的吸引力比较弱，不同的分子有更强的趋势逃向气相，造成压力更高。

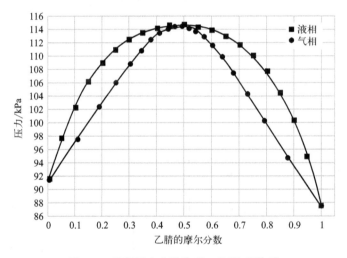

图 5.4　最高压力共沸体系：乙腈-苯体系

乙二胺-水体系有最低压力的共沸点，如图 5.5 所示，符合第 1 种情形。这种情况和第 3 种情形正好相反，不同分子之间的吸引力超过相同分子之间的吸引力。分子有更强的趋势留在混合物的液相里，造成气相的压力比纯组分更低。

常见的甲醇-水体系在图 5.6 中，可以看出并没有共沸点，符合第 2 种情形，这和我们的常识是一致的。比较特殊的是第 4 种含有 2 个共沸点的情形。这种情况是罕见的，最著名的例子就是苯-六氟苯的体系，见图 5.7。在 350 K（76.85 ℃），它包含一个最低压力共沸

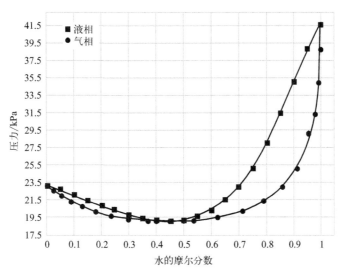

图 5.5　最低压力共沸体系：乙二胺-水体系

点和一个最高压力共沸点。应该说明，共沸点是随体系温度和压力的变化而变化的。图 5.7 也显示，在温度提高到 450 K（176 ℃）的情况下，苯-六氟苯的共沸物就消失了。共沸物随温度和压力改变的性质也会被用来进行某些混合物的有效分离，这在第 7 章有详细的介绍。在第 2 种情形下，也有可能出现 2 个共沸点的曲线形状可以解释，但是在实际的工业过程中这种情况极为罕见，几乎可以忽略不计。

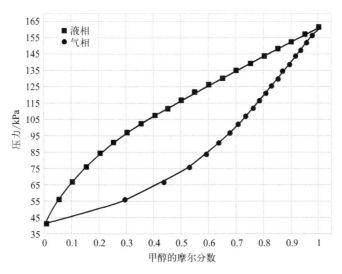

图 5.6　无共沸的体系：甲醇-水体系

　　虽然模拟计算对于判断一个混合物里是否有共沸有很大的帮助，尤其是不常见的体系，但是模拟计算毕竟是基于某些合理的假设，并不能全面代替实验测量。最准确的判断共沸物的方法仍是实验验证。一般比较高效的方法是利用模拟计算估算出可能的共沸物，然后进行

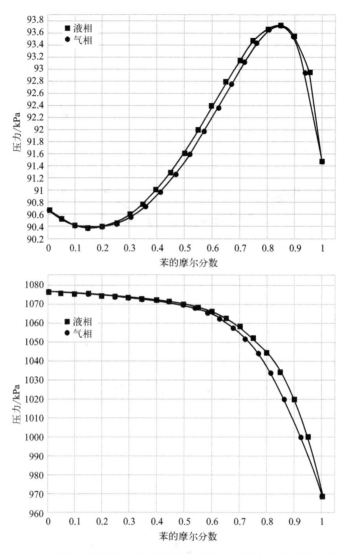

图 5.7　有 2 个共沸点的体系：苯-六氟苯体系在 2 个温度条件下的气液平衡图

相关的实验进行验证。

　　最后，还有一些基本经验可以提供参考。根据前面提到的分子间力的不同造成共沸的原理，也可以初步判断出是否存在共沸的可能性。比如，如果 2 个液体组分不互溶，那么可以基本判断这 2 个组分就有可能存在共沸现象。通过简单的实验再进行验证就可以确定体系是否确实存在共沸。再者，如果 2 个组分的沸点相差很大（比如超过 100 ℃），这 2 个组分存在共沸的可能性就会很小。

　　在目前人们发现的共沸物中，绝大多数是最低温度共沸物（或最高压力共沸物），在这种体系里，相同分子之间的吸引力更强。最高温度共沸物（或最低压力共沸物）相对少得多，而且大部分都含有水。在这类体系里，不同分子之间的吸引力大于相同分子之间的吸引力。水分子容易和其他的极性分子形成很强的氢键，导致分子之间的吸引力很强，这是最高温度共沸物大部分都是水溶液的一个重要原因。

在多元混合物里，除了二元共沸物，还有三元或多元共沸物。例如，DDBST 里收录了 3000 多个三元共沸物。一般而言，一个混合物体系里的三元共沸物的沸点会低于任何其他的二元共沸物。如何判断多元混合物里的多元共沸物，以及如何计算出所有的共沸物的组成和条件超出了本书的范围，有兴趣的读者可以参考有关的文献[32,38-39]。

5.1.2　共沸物系的分离

因为共沸现象的存在，一些仅从沸点看可以很容易分离的混合物体系使用常规的精馏无法进行分离。那么如何对共沸物系进行有效的分离呢？目前工业上使用的主要有以下三种方法。

（1）变压精馏

前面已经提到，和纯物质不同，共沸物的组成会随压力（或温度）的变化而变化，所以，通过调整精馏的压力可以使一些在一定压力下有共沸物的体系的共沸现象完全消失。乙二胺-水体系是一个含有最高共沸温度的体系，在常压下的共沸温度是 118.5 ℃，高于乙二胺和水的纯物质的沸点。但是，如果加压到 4.5 bar，乙二胺和水的共沸现象则完全消除，可以按照普通的精馏操作进行二者的分离。

变压精馏操作简单，仅仅通过改变压力就能实现共沸物的分离，而且不引入其他的物质，应该是解决共沸精馏的首选。但是，在实际的工业生产中，使用变压精馏的例子并不多，这是因为大部分的共沸物对压力并不敏感，所以在实际工业生产中使用得不多。变压精馏在第 7 章中会有更详细的介绍。

（2）膜分离

膜分离是一个相对比较新的分离技术。膜分离是利用混合物里不同分子在膜中的扩散速度的不同，而不是靠不同分子的挥发度的不同进行分离的，所以膜分离不受共沸的影响。在共沸体系的分离中，使用最普遍的是渗透汽化膜，待分离的物料以液体的形式进入膜分离组件的一端，不同的物料因为扩散速度的不同穿过渗透膜。渗透膜的另外一端一般是在低压下操作，所以优先透过渗透膜的物料会马上汽化，并被带离膜分离组件，从而实现不同物料的分离。渗透汽化膜一般是亲水性材料，允许水分子优先通过，所以膜分离最广泛的应用是有机溶剂的脱水。膜分离的工业应用我们留到第 7 章再做详尽的说明。

（3）加入夹带剂（entrainer）

对于工业上最常见的二元共沸物，最普遍的分离方法是加入第三种物质来改变这两种物质的相对挥发度，从而打破共沸，实现共沸物的分离。这个第三种物质一般统称为夹带剂。根据夹带剂的沸点的不同，一般可以分为三类。

第一种是低沸点的共沸剂，即其沸点比两个纯组分的沸点都要低。因为其沸点低，所以共沸剂更倾向于在塔顶聚集，所以在精馏塔塔板或填料上的累积量不大，对于待分离的共沸物的相对挥发度影响不大，无法有效地对共沸物进行分离，所以几乎没有低沸点的共沸剂。

第二种是中间沸点夹带剂。这种夹带剂会通过自身的分子和共沸物分子之间的作用力的不同，改变原有共沸物之间的分子间作用力，从而改变它们的相对挥发度，使得共沸物得以使用常规的精馏方法进行分离。新的夹带剂的加入可能与原来的组分形成新的共沸物，也可能不形成新的共沸物，但是夹带剂都是通过塔顶进行采出。这种精馏方法工业上一般称为"共沸精馏"。

第三种是高沸点的夹带剂。夹带剂的沸点比共沸体系中纯组分的沸点高得多，所以在精馏塔中基本上不挥发，而是以液体的形式存在，通过分子间作用力改变原共沸物之间的相对挥发度协助进行分离。因为沸点差很大，夹带剂和原共沸物不会形成新的共沸物，所以，在原有共沸物分离完成后的分离相对简单，是一个很高效的分离方式。采用高沸点夹带剂的精馏在工业上一般称为"萃取精馏"，以便和"共沸精馏"进行区别。第6章会对于萃取精馏的原理和实际应用进行非常细致的解释。

5.1.3 均相共沸精馏

我们通过一个典型的例子来解释共沸精馏。丙酮和正庚烷在常压下有一个最低温度的共沸点。共沸温度是 55.82 ℃，共沸组成是摩尔比为 92.7％的丙酮和 7.3％的正庚烷。因为共沸物的存在，使用常规的精馏无法同时得到纯的丙酮和正庚烷。丙酮和正庚烷的共沸组成随压力的变化很小，不能使用变压精馏进行有效的分离。在这种情况下，可以通过加入苯作为夹带剂进行丙酮和正庚烷的有效分离。

因为苯的加入，二元混合物变成了三元体系。前面已经提到，对三元体系分离过程的设计最有效的工具是使用三元剩余曲线。所谓剩余曲线，就是对一个组成确定的混合物，进行加热蒸发，剩余液体的组成随时间的变化在一个物料组成的平面图上进行标识而得到的曲线。三元剩余曲线可以通过实验测量来绘制。实验是非常简单的，只需要配制好几个不同浓度的混合物溶液，然后在敞口条件下进行加热蒸发。随时间的推移，对液体进行取样分析，就得到不同初始浓度下的剩余曲线。实验法获取剩余曲线非常耗时，但是可以得到十分精确的气液平衡、共沸点、夹点等许多在精馏设计和操作过程中至关重要的真实数据。如果有准确描述气液相平衡的热力学模型（比如状态方程或者活度系数方程），剩余曲线也可以通过对 Rayleigh 方程进行积分来获得。几乎所有的大型通用化工过程模拟软件都具备这一功能，为一个混合物，特别是含有共沸物的混合物的分离提供最直接有效的初步设计工具。

图 5.8 显示的是水-正丙醇-异丙醇体系的三元剩余曲线图。图中的数据点是通过实验测量的剩余液体的组成，而细实线和细虚线则是使用 UNIQUAC 模型 2 种不同的气液平衡模型参数（一种是软件自带的模型参数，一种是利用实测数据拟合的模型参数）计算出来的剩余曲线。可以看出，如果使用合理准确的气液相平衡模型和参数，计算机模拟得到的剩余曲线和实验测量得到的剩余曲线几乎重合，完全可以用来指导精馏过程的初步设计。另外，我们也可以看出这些剩余曲线分别分布在 2 个完全不同的区域里。一个区域内的剩余曲线不能延伸到另外一个区域。这在精馏工艺的设计中有重大的意义。

图 5.9 显示的是一个更为复杂的体系，丙酮-甲醇-氯仿混合体系的三元剩余曲线。通过这张图可以了解剩余曲线的各种特征，以及在精馏工艺开发中的应用。在图 5.9 中，可以发现除了三个纯组分（三角形图的三个顶点）外，还包括三个二元共沸物和一个三元共沸物。

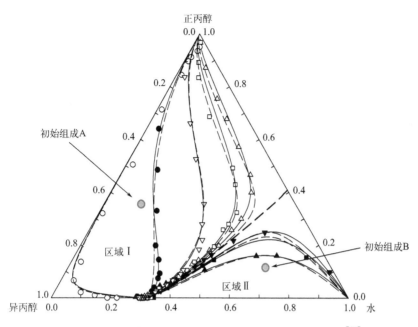

图 5.8　实测和模拟的水-正丙醇-异丙醇的三元剩余曲线[38]

这些组成统称为节点。这些节点的性质是不同的。如果在某个区域内这个节点的沸点最低，那么这个节点称为"不稳定节点"，即剩余曲线开始的节点。相反，如果在某个区域内这个节点的沸点最高，那么这个节点就称为"稳定节点"，即剩余曲线终止的节点。如果某个节点的沸点既不是最高，也不是最低，那么这个节点称为"马鞍点"。通过图 5.9 可以发现，剩余曲线总是从不稳定节点出发，终止在稳定节点，中间会接近马鞍点，但是不会终止在马鞍点。这些性质对任何剩余曲线都是适用的。

　　另外，图 5.9 中三角形图里连接中间的三元共沸点和边界上的三个二元共沸点的三条粗实线把整个相图分为 4 个区域。这三条实线称为精馏边界线。在每个区域里，剩余曲线的初始点和终止点是相同的，虽然中间的马鞍点有可能不同。这和图 5.8 中的 2 个不同的精馏区域是一样的。精馏边界的重要性在于，如果待分离的初始物料在某一个精馏区域里，那么在一个常规的精馏塔里只能得到该精馏区域内的组分，而无法得到区域外的组分。举例而言，如果初始的组成在区域③，那么通过一个精馏塔无法得到纯的甲醇和氯仿，因为这 2 个纯组分不在区域③里。这个剩余曲线图提供的另外一个重要的信息是，因为丙酮和氯仿既不是非稳定节点，也不是稳定节点，而是马鞍点，所以在这个三元体系里如果不使用其他的手段，将无法获得纯的丙酮和氯仿。

　　这里需要提醒读者，在三元剩余曲线图不同的精馏区域里，起始点（不稳定节点）或者结束点（稳定节点）是不同的。如果起始点和结束点相同，那么即使曲线图里看起来是 2 个不同的区域，但是实际上还是一个精馏区域，如图 5.10 所示。图 5.10 里，虽然剩余曲线的形状因为马鞍点的不同看起来很像在不同的精馏区域，但是因为所有的剩余曲线都是从一个点出发，并终结于另外一点，所以整个剩余曲线图只有一个精馏区域。

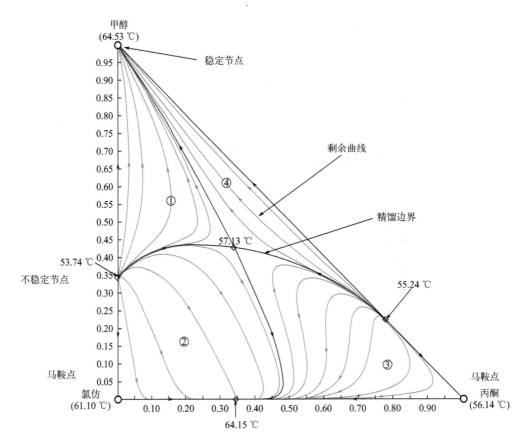

图 5.9 丙酮-甲醇-氯仿的三元剩余曲线

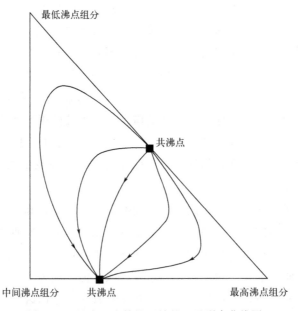

图 5.10 只有 1 个精馏区域的三元剩余曲线图

5.1.4 剩余曲线的重要意义

在前一节提到，如果有共沸物，那么三元剩余曲线可能有多个精馏区域。初始物料在某个精馏区域里，那么通过精馏无法得到另外一个精馏区域的组分。这是为什么呢？要回答这个问题就要从三元剩余曲线最重要的性质说起。通过数学计算，可以得到以下结论：**剩余曲线与全回流操作条件下的精馏塔的液相组成沿塔的变化曲线几乎一致**。在第 4 章中，方程式 (4.12) 表达的是一个板式间歇精馏塔中某块塔板 N 上组分 i 的物料平衡，从这个方程可以延伸得到下面的方程：

$$\begin{cases} Y_{i,N+1} = \dfrac{R}{R+1} \times X_{i,N} + \dfrac{X_{i,D}}{R+1} \\ Y_{i,N} = \dfrac{R}{R+1} \times X_{i,N-1} + \dfrac{X_{D}}{R+1} \end{cases} \tag{5.4}$$

方程式 (5.4) 中的 2 个公式相减得到

$$X_{i,N} - X_{i,N-1} = \frac{R}{R+1} \times (Y_{i,N+1} - Y_{i,N}) \tag{5.5}$$

把方程式 (5.4) 中的第一个公式代入式 (5.5) 中，经过处理，得到如下的方程

$$X_{i,N} - X_{i,N-1} = X_{i,N} + \frac{X_{i,D}}{R+1} - \frac{R+1}{R} \times Y_{i,N} \tag{5.6}$$

方程式 (5.5) 表达的就是一个板式塔中每一块塔板的液相组成。在全回流的条件下，即 R 趋于无穷大的时候，方程式 (5.5) 就变成了

$$X_{i,N} - X_{i,N-1} = X_{i,N} - Y_{i,N} \tag{5.7}$$

每一块塔板上的气相组成和液相组成的关系完全可以由该物系的气液平衡关系获得。从塔顶或塔釜的已知组成开始，逐级计算就可以得到任一塔板的液相组成。

对于一个填料塔，同样可以做一个物料衡算，但是不同的是沿着填料的液相组成是连续变化的。把方程式 (5.6) 中逐级液相的变化由填料塔里的微小变化替代，就得到

$$\frac{dX_{i,N}}{dh} = X_{i,N} + \frac{X_{i,D}}{R+1} - \frac{R+1}{R} \times Y_{i,N} \tag{5.8}$$

式中，h 是一个无量纲的填料高度，即一个微小的填料高度除以总填料高度 $\left(h = \dfrac{\Delta h}{H} \right)$。

在全回流的情况下，方程式 (5.8) 简化成下面的方程

$$\frac{dX_{i,N}}{dh} = X_{i,N} - Y_{i,N} \tag{5.9}$$

因为填料塔里没有塔板的概念，所以可以把脚标塔板数 N 的表述去掉，得到方程式 (5.10)

$$\frac{dX_i}{dh} = X_i - Y_i \tag{5.10}$$

如果我们来比较方程式 (5.9) 和第 2 章提到的剩余曲线的方程 [方程式 (2.51)]，就会看到，这 2 个方程的形式完全一致，也就是说一个体系的剩余曲线（组分随时间的变化）和

一个全回流操作下的填料塔沿着塔节的液相组分曲线（组分随高度的变化）是相同的。

从前面的剩余曲线图可以看出，一个精馏区域里的剩余曲线不可能延伸到另外一个精馏区域，所以如果初始组成在某个精馏区域里，那么在进行精馏的时候，塔里的液相组成也只能在这个精馏区域内，也就是说精馏操作无法跨越精馏边界从一个精馏区域到另外一个精馏区域。通过剩余曲线图，我们就能够准确判断某个物料是否可能通过精馏得到某个特定的组分。应该说明的是，严格而言，精馏操作无法跨越精馏边界，只有在精馏边界线是直线或近似于直线的时候才准确，但是，在现实的物系里，有很大曲度的精馏边界线并不常见，大部分都是近似于直线。

获得一个体系的剩余曲线比得到一个填料塔的液相组成曲线要容易得多，所以，考察一个体系的剩余曲线对设计物料的分离过程有重大的指导意义，是对一个体系进行精馏分离的概念设计最有效的方法之一[40]。

在板式塔里，液相组成沿着塔节不是连续的，但是如果把这些液相组成标识在三元相图里并连接起来，就构成了板式塔的精馏曲线（distillation line）。图 5.11 显示的就是正戊烷/正己烷/正庚烷三元物系的精馏曲线（全回流条件下的板式塔液相组成）和剩余曲线（和填料塔的液相组成重合）。可以清楚地看到，虽然精馏曲线和剩余曲线没有完全重合，但是非常接近[41]。这表明，不论是板式塔还是填料塔，使用简单易得的剩余曲线完全可以指导一个三元物系的分离和初步概念设计。我们在前面已经提到，任何一个需要提纯的物系都可以近似看成一个"准三元体系"，即比需要提纯的物料沸点低的轻组分；需要提纯的物料本身；以及比需要提纯的物料沸点高的重组分。通过考察这个"准三元体系"的分离，剩余曲线几乎适用于任何物料的分离。

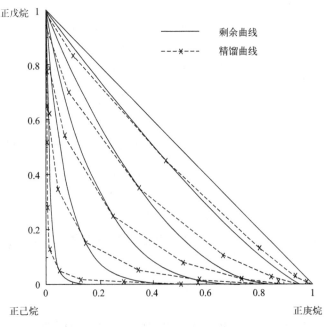

图 5.11　正戊烷/正己烷/正庚烷的精馏曲线和剩余曲线[42]

　　下面我们就通过几个实例来重点介绍剩余曲线在精馏，尤其是共沸精馏分离中的应用。考察剩余曲线的形式和位置就能判断组分分离的可能性并确定合理的分离方式。在三元剩余曲线图里可以看到，一条剩余曲线不可能跨过精馏边界线从一个精馏区域到另外一个精馏区域。这就意味着如果精馏塔的初始进料在某个精馏区域里，精馏塔的塔顶产品和塔釜产品只能在这个区域里。首先看图 5.8 中的正丙醇-异丙醇-水的三元体系。因为正丙醇和异丙醇都和水形成共沸，所以使用常规的精馏操作无法得到相应的三个纯品。通过图 5.8 的三元剩余曲线图，就可以对如何进行三元体系的分离进行直观的了解。2 个共沸点连接的精馏边界线（粗虚线）把三元剩余曲线图分割为 2 个区域。如果初始混合物的组成在边界线的上方，即初始组成 A 在区域Ⅰ里，那么当对这个物料进行间歇精馏操作时，塔顶会得到水和异丙醇的共沸物。随着时间的推移，塔釜的组成里正丙醇的浓度逐渐提高。通过调节回流比，可以把大部分的水和异丙醇除掉，此时塔釜里会留下纯度很高的正丙醇。但是，如果初始混合物的组成在边界线的下方，即初始组成 B 在另外一个精馏区域Ⅱ里。在这个精馏区域里，如果对物料进行间歇精馏，那么塔顶同样会得到近似于水和异丙醇的共沸物（因为这个共沸物的沸点最低，是不稳定节点），但是随着时间的推移，塔釜里的醇的量会逐渐减少，最终塔釜会得到纯度比较高的水。因为异丙醇是一个马鞍点，所以不论何种组成的初始物料通过精馏操作都无法在塔顶或塔釜得到纯的异丙醇。虽然精馏塔允许从塔的中间取出物料，但是从剩余曲线图看，也无法得到纯度较高的异丙醇。如果想获得纯的异丙醇，只能采用其他的特殊方法。

　　虽然三元剩余曲线的组成和全回流条件下的精馏塔的液相组成很接近，在工业上，对于有限回流比的情况，三元剩余曲线仍然具有重大的参考价值。对于一个精馏过程的初步设计，简单的三元体系的剩余曲线图往往能提供最基础和最重要的信息。图 5.12 显示的是甲醇-乙醇-丙酮三元体系的剩余曲线图，其中连接甲醇-丙酮共沸点（不稳定节点）和乙醇（稳定节点）的曲线是一条剩余曲线，它代表了全回流条件下的填料塔的液相组成。图里的圆圈代表的是回流比为 4 的时候，精馏塔的液相组成。可以看出，即使不在全回流（即回流比无穷大）的条件下，精馏塔的液相组成和全回流条件下的液相组成相差不大，所以对于某个初始物料，塔顶和塔釜的组成仍然可以由剩余曲线来估算，为初步工程设计提供可靠的依据。

　　一个初始物料分离为塔顶和塔釜 2 股物料。根据物料衡算，在三元相图里，就表现为这 3 股物料，初始物料、塔顶物料和塔釜物料的组成必须在一条直线上。根据剩余曲线的性质，塔顶和塔釜物料的组成又必须在同一条剩余曲线上。由此，在初始物料组成确定的情况下，通过物料平衡线和剩余曲线，就能大致确定一个精馏塔的塔顶和塔釜组成。在精馏的初期，塔顶的组成接近甲醇-丙酮的共沸物，而塔釜的组成是甲醇-乙醇的混合物。因为剩余曲线非常接近三角形的左边（即甲醇-乙醇混合物线），我们可以预测塔釜里的丙酮含量会非常低。对于一个正常操作的间歇精馏塔，因为塔顶的物料不断被采出，塔顶和塔釜的组成也会随着变化。在精馏快结束的时候，塔釜基本上是很纯的乙醇，而塔顶是一个三元的混合物（见图 5.12）。根据剩余曲线，我们可以得出结论，通过精馏可以得到很纯的乙醇，但是无法得到纯的甲醇和丙酮。

　　因为在间歇精馏操作中，塔顶和塔釜的组成会随着时间的变化而变化，所以在三元剩余曲线图里标记塔顶和塔釜组成随时间变化的精馏路径对指导工艺的开发有重要的指导意义。

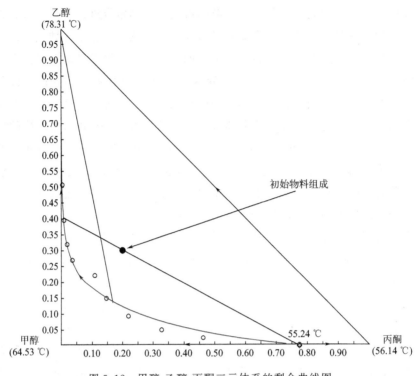

图 5.12　甲醇-乙醇-丙酮三元体系的剩余曲线图

图 5.13 是初始组成为正丙醇＝0.3，水＝0.1，异丙醇＝0.6（均为摩尔分数）在回流比为 10 的时候的精馏路径。因为是间歇精馏，塔釜的初始组成和物料的初始组成基本一致，而塔顶是水和异丙醇的共沸物，因为这个共沸物在精馏区域里的沸点最低（80.18 ℃）。随着精馏的继续，塔顶组成基本沿着水-异丙醇组成线靠近异丙醇，然后向上转折，逐步趋近正丙醇。塔釜的组成则从初始组成很快地接近正丙醇-异丙醇线，然后快速趋向于正丙醇。这样，我们就能确定在精馏塔的塔釜可以得到很纯的正丙醇。如果精馏的时间足够长，塔顶也可能获得很纯的正丙醇，但是收率会很低。因为异丙醇是一个马鞍点，即使塔顶的组成可以很接近纯的异丙醇，但是也永远无法得到纯的异丙醇。

　　图 5.14 显示的是和图 5.13 类似的精馏路径，但是初始的组成不同。因为这个初始组成里的异丙醇的含量比较低，可以看到，塔顶和塔釜的组成发生了根本的改变。塔顶的组成一开始也是水-异丙醇的共沸物，但是随着精馏的进行，塔顶的组成不是趋向异丙醇，而是基本上沿着精馏的边界线趋向于水-正丙醇的共沸物。水-正丙醇的共沸物是这个精馏区域里的另外一个马鞍点，所以根据物料初始组成的不同，精馏的路径会发生变化。塔釜的组成也发生了变化，不是沿着正丙醇-异丙醇线，而是沿着水-正丙醇线逐渐趋近正丙醇。塔釜可以得到很纯的正丙醇，同样，通过普通精馏无法得到纯的异丙醇。

　　图 5.15 显示的是与图 5.14 相同的初始组成，但是回流比为 1 的情形。从图中可以看到，在有限的回流比条件下，精馏的路径和全回流下的操作（即剩余曲线）基本还是一致的，所以使用剩余曲线完全可以进行精馏操作的初步设计。

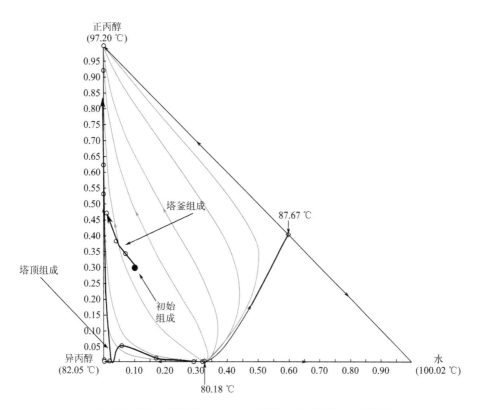

图 5.13　20 块理论塔板、回流比为 10 的精馏路径（初始组成里异丙醇的含量高）

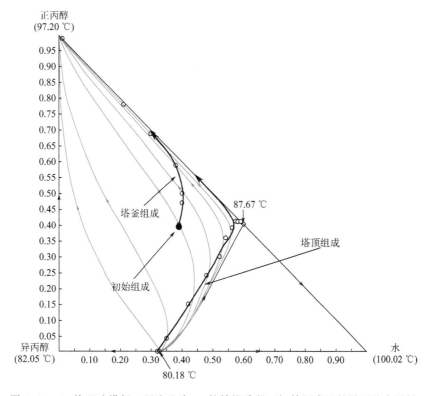

图 5.14　20 块理论塔板、回流比为 10 的精馏路径（初始组成里的异丙醇含量低）

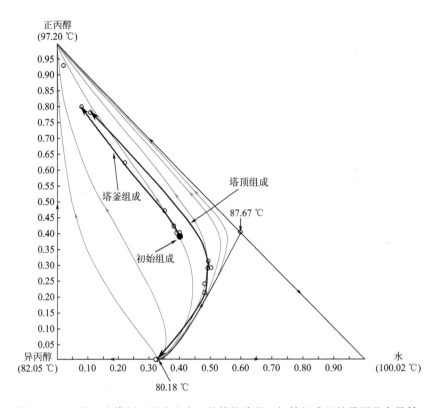

图 5.15　20 块理论塔板、回流比为 1 的精馏路径（初始组成里的异丙醇含量低）

下面是美国佩里化学工程师手册（Perry's chemical engineer's handbook）总结的三元剩余曲线和精馏边界的用途[20]。

（1）可视化的体系特点

体系中是否含有共沸点，精馏的边界、精馏的区域、组分分离的可行性，以及是否有 2 个不完全互溶的液体相。

（2）验证实验数据

确认体系是否有三元共沸点，以及检查数据的热力学一致性。

（3）初步的工艺流程的确定

对新工艺的初步概念设计或对旧工艺的改进提供理论依据。

（4）工艺流程模拟

确定工艺流程模拟计算中不收敛的情况是否由不合理的塔参数的设置造成，确定大致的进料位置、回流比的影响。

（5）流程控制和设计

可以通过调节有关的参数考察液相组成的变化，从而制定相应的控制逻辑。

通过检查在精馏塔中的组成的曲线，发现操作中可能出现的问题（比如液泛、填料效率变低等等）以及造成这些问题的可能原因。

在实际的工业应用中，尤其是对于新的物质，为了进行有效的分离，一般都需要测量新物质和主要杂质的气液平衡数据。因为采集准确的气液平衡数据需要系统达到平衡状态，而且实际操作不方便，系统需要反复地进行平衡和取样分析。此时，剩余曲线的优点就体现出来了。对于一个待分离的系统，放置在一个敞口的容器里，然后进行加热蒸发。随着蒸发的进行，对容器里的残液进行取样分析。如果有红外光谱、拉曼光谱等在线分析手段更好，这样完全不取样，就可以得到实时的物料的浓度随时间的变化。在二元或三元图上，把各个物料的浓度对时间的变化标注做成曲线，就得到剩余曲线。这些剩余曲线对考察系统是否存在共沸现象，产品和杂质的分离难易程度都有巨大的实用价值，而操作起来又相对简单。

5.1.5　共沸精馏的工业实例

考察完剩余曲线，让我们重新回到如何进行共沸物的分离。表 5.1 是一些工业化的共沸体系的分离实例[20]。之所以举这些例子，而不是其他的教科书里的例子是因为我们进行精馏研究的最终目的是工业化应用。只有具有工业化应用的精馏分离工艺才是真正有意义的。

表 5.1　工业化的共沸体系分离举例[20]

体系	共沸类型	共沸剂	说明
利用均相共沸			
无			
利用精馏边界线的弯曲			
盐酸-水	最高温度共沸点	硫酸	另外可采用盐析萃取精馏
硝酸-水	最高温度共沸点	硫酸	
利用多相共沸			
乙醇-水	最低温度共沸点	环己烷、苯、甲苯等等	另外可采用萃取精馏、变压精馏
醋酸-水	没有共沸，但是有夹点	乙酸乙酯、乙酸丙酯、乙醚、二氯乙烷、乙酸丁酯	
丁醇-水	最低温度共沸点	自带共沸剂	
醋酸-水-醋酸乙烯	既有共沸又有夹点	自带共沸剂	
醋酸甲酯-甲醇	最低温度共沸点	甲苯、甲基异丁酮	
吡啶-水	最低温度共沸点	苯	另外可以采取萃取精馏
烷烃-水	最低温度共沸点	自带共沸剂	

从表 5.1 中，我们可以看到几乎没有使用均相共沸剂进行共沸精馏分离的工业实例。前面提到丙酮和正庚烷的共沸体系，可以使用苯作为共沸剂进行分离。如果采用连续精馏，通过加入苯可以使用 2 个精馏塔进行分离。在第一个塔的塔釜分离出正庚烷，然后在第二个塔的塔顶得到高纯度的丙酮，塔釜得到高纯度的苯可以回收并回到第一个塔继续进行使用，如图 5.16 所示。

但是，这种分离在工业上没有应用价值。这种操作方式虽然从理论上可行，但是通过模拟计算可以验证第一个精馏塔的操作区间非常窄，稍有波动就会造成塔操作的不稳定，纯度

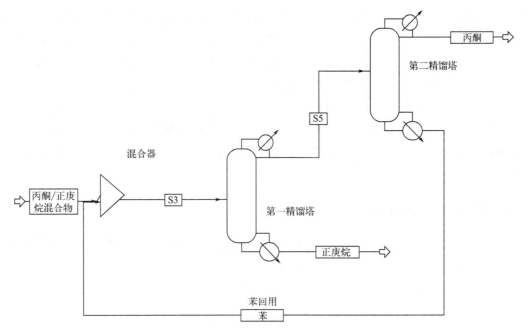

图 5.16 利用苯对丙酮/正庚烷混合物进行均相共沸精馏

就无法保证。如果做出该体系的三元剩余曲线图，就会发现能同时满足该塔的提馏段和精馏段的操作区间非常小，所以操作的弹性很低，根本不适合工业化生产，这和连续精馏模拟出的结果是一致的。如果采用常规的间歇精馏，因为混合物一次性加入到塔釜中，塔釜出料不能满足纯度的要求，所以根本无法使用间歇精馏来实现均相共沸精馏。

真正具有工业化价值并有工业化实施案例的共沸体系的分离在表 5.1 中列举了两大类。一类虽然是均相共沸体系，但是利用了精馏边界线的弯曲性来突破精馏区域的限制。一般而言，在三元剩余曲线图里的精馏边界线是弯曲的，但是在实际的应用中，精馏边界线的曲度很小，大多数情况下接近一条直线，如图 5.8 和图 5.13 所示。在很多的初级设计中，可以把精馏边界线近似为直线。但是，在某些特殊的体系中，精馏边界线的弯曲度非常大，可以利用这种弯曲度实现精馏区域的跨越。

一个典型的工业实例就是利用硫酸来分离硝酸-水的混合物，得到非常纯的硝酸。表 5.2 中列出了这个三元体系内不同组分的常压沸点。虽然纯硝酸的沸点最低，但是因为硝酸和水存在一个最高温度的共沸点，所以常规的精馏操作条件下，塔顶得到的是水，而塔釜是硝酸-水的共沸物，无法得到纯的硝酸。

表 5.2 硝酸纯化体系里相关物料的沸点

物料	常压下的沸点/ ℃
硝酸	86
水	100
硝酸-水共沸物	121
硫酸	279.6
硫酸-水共沸物	338

此时，如果在体系内加入硫酸，就会形成三元体系。因为硫酸的加入，在这个三元体系里会出现 2 个共沸点，即硝酸-水的共沸点和硫酸-水的共沸点（见图 5.17）。这 2 个共沸点都是最高温度共沸点。硫酸-水共沸点的温度超过 300 ℃，但是硝酸-水的共沸点的温度只有121 ℃。前面已经提到，在一个精馏区域的物料无法跨过精馏边界得到另外一个精馏区域的组分。但是，利用硫酸-硝酸-水三元体系的精馏边界线的极度弯曲性，在精馏区域 I 的稀硝酸（即图中的进料）里添加适当量的硫酸，根据物料平衡的原则，就能得到一个硫酸-硝酸-水的混合物，而使这个混合物（即 F_1 点）落在精馏区域 II 里。通过对三元剩余曲线图的观察，对混合物 F_1 进行精馏操作，塔顶就能得到非常纯的硝酸 D_1，塔釜得到硫酸-水的混合物 B_1，只含有微量的硝酸。在工业上，塔釜的混合物可以通过一个简单的真空蒸发的方法除去多余的水分 D_2。根据三元剩余曲线发现，这个水分中的硝酸含量会非常低，可以直接作为废水进行处理而不需要另外一个精馏塔回收硝酸。蒸发器的底部得到低水含量的硫酸 B_2。这个硫酸可以反复使用，对稀硝酸里的水分和硝酸进行有效的分离。从这个例子里，一个共沸物料通过添加夹带剂和利用精馏曲线的弯曲度，实现了从一个精馏区域到另外一个精馏区域的跨越，从而实现了共沸物的有效分离。从分子层面看，硫酸和水分子的结合强度远远超过硝酸和水分子的结合强度。水分子牢牢地和硫酸分子结合，使得其挥发度大大降低，从而使硝酸的相对挥发度增大，所以在精馏过程中，硝酸很容易被蒸发出来，在塔顶形成纯度很高的硝酸。

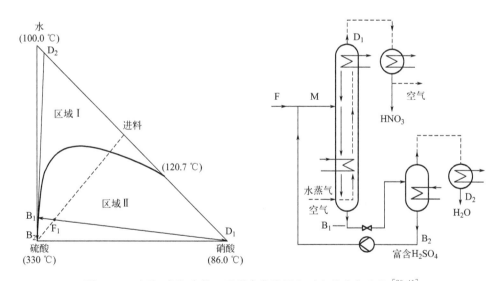

图 5.17　硫酸-硝酸-水的三元剩余曲线图和对应的分离流程[20,41]

利用精馏边界线的弯曲性进行共沸分离的例子还包括利用甲苯作为夹带剂分离丙酮和氯仿，以及使用正己烷作为夹带剂分离甲醇和乙酸甲酯[20]。在实际的工业应用中，利用精馏边界线的弯曲性进行共沸物分离的例子还是很有限，这主要是因为以下几个原因[41]：

① 精馏边界线的弯曲性必须足够大，否则即使可以利用边界线的弯曲性进行分离，其操作的区间也很有限，很难在工业上使用。

② 因为实验测量极其繁琐，所以人们广泛应用计算机软件进行剩余曲线的绘制。计算

机模型有局限性，预测的精馏边界不一定准确，所以可能造成设计错误，从而使操作无法进行。比如，硝酸/硫酸/水的三元剩余曲线，几乎没有一个现有的热力学模型可以准确地预测2个最高共沸点，以及精馏边界线的正确位置。这使得利用狭小操作空间的精馏边界线的弯曲性的方法有很大的局限性。

③ 剩余曲线和精馏边界线的计算都是基于完全的气液平衡，但是在实际的塔操作中，在每个塔板上的物料并不是处于气液平衡状态的。这就意味着实际的剩余曲线和精馏边界线和气液平衡条件下的剩余曲线和精馏边界线是有差异的。使用理论的剩余曲线和精馏边界线进行设计有可能带来不小的误差，从而造成操作困难，甚至完全达不到设计要求。

5.2 多相共沸精馏

在工业应用中使用最广泛的共沸物分离的手段是多相共沸精馏。其中，最熟悉的例子就是从玉米发酵得到的乙醇水溶液中获取无水乙醇。在这个过程中，通过加入第三种物质，通常称为共沸剂或夹带剂，改变水和乙醇的相对挥发度，从而打破乙醇和水的共沸，有效地实现乙醇和水的完全分离。工业上最初普遍使用的夹带剂是苯，但是后来人们发现苯是致癌物质，所以逐渐替换成了环己烷、甲苯等等。

多相共沸精馏之所以获得广泛的应用，是因为为了打破共沸而加入的夹带剂在实现共沸物的分离后，还能从混合体系中方便地分离出来。前面介绍的两种共沸精馏的方法因为一定的局限性，很难得到广泛的应用。但是，如果加入的夹带剂能和被分离组分分成两个液相，那么分离就会变得相对简单得多，因为2个不相混合的液相的分离只需要一个简单的分相操作就能方便地把2个不同的液相进行分离。尤其是当分层的2个液相分别处于不同精馏区域的时候，那么精馏分离就可以很容易地跨过精馏边界，得到2个精馏区域内的纯组分，实现高效的分离。

在表5.1列举的工业实例中，一类是自带共沸剂的体系，即待分离的共沸物里自动包含有可以作为夹带剂的物质。一个典型的例子就是发酵过程得到的粗丁醇的脱水。在一定的温度和浓度范围内，丁醇和水的互溶性不高，在常温下会自动分为两相，一个是丁醇相，一个是水相，如图5.18所示。如果对丁醇含量不高的发酵粗品进行普通间歇精馏操作，因为沸点最低，丁醇-水的共沸物会在塔顶不断采出。等到塔釜里只有很少的正丁醇的时候停止，塔釜的水分可以作为废水处理。塔顶的共沸物馏分的组成在常压下是42%的正丁醇和58%的水。在常温下，这个馏分会自动分成两相。轻相是含有67%正丁醇的有机相，重相是含有8%正丁醇的水相。有机相收集以后重新回到间歇精馏塔，在塔顶得到正丁醇和水的共沸物，等到塔釜的正丁醇的纯度达到所需的要求，比如99%，则停止精馏操作，塔釜得到的就是满足要求的正丁醇纯品。塔顶得到的和共沸组成相似的馏分可以收集起来，再进行分相和精馏操作。同样，水相收集以后再次进行间歇精馏，塔顶得到正丁醇和水的共沸物，等到塔釜里的正丁醇含量很低的时候，停止精馏操作。此时，塔釜的废水可以进行处理。这样，水相的正丁醇也得到了最大程度的回收。

可以看到，如果系统自带有多相的共沸剂，那么通过一系列的操作，通过一个间歇精馏

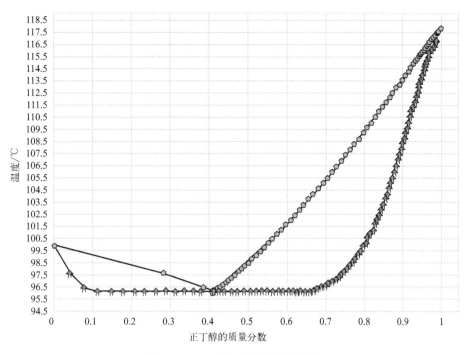

图 5.18　正丁醇-水的气液平衡图

塔就能把共沸的两个物料进行分离。因为不引入新的物质，这种自带夹带剂的体系在实际的工业应用中应该优先考虑。

5.2.1　多相共沸剂的选择

如果分离体系自身不含有多相共沸剂，那么就需要引入新的共沸剂来实现两个共沸组成的分离。选择合适的多相共沸剂一般有两种方法。一种是经验法，根据物料的性质结合经验来筛选合适的共沸剂。然后利用三元剩余曲线来具体考察该物料是否可以作为合适的共沸剂。在实际的工业应用中，尤其是制药行业和精细化工行业，使用的溶剂、原材料比较多，所以可以优先在反应体系的上下游，比如原料、中间产物、溶剂或者下游产品中寻找合适的共沸剂，这样的分离可以不引入新的物料，或者不需要严格分离的物料也能够在工艺过程中回用，分离过程最为经济有效。其次是工厂里其他反应或分离过程中使用的物料，这样也可以不需要再引入全新的物料。最后考虑类似的分离工艺中常用的共沸剂，这可以通过查阅相关的文献获得。需要指出的是因为水的特殊性，它和很多的有机物料都能形成共沸，而且可能是多相共沸，所以水本身也是一个经常用到的分离共沸有机物质的常见的共沸剂。工业界里一个典型的例子是使用甲苯或者环己烷进行脱水。在很多的制药过程中会使用甲苯或者环己烷作为溶剂。如果分离过程需要脱水，那么甲苯或者环己烷就是很好的多相共沸剂。这两个物料和水在常压下都能形成多相共沸，而且在常温下的相互溶解度都很低，所以在分离过程中共沸剂的损失很小，是理想的共沸剂。

另外一种方法则是利用类似于专家系统的方法。通过实验测量或利用热力学模型进行计算得到共沸组成、无限稀释条件下的活度系数、液-液平衡的范围等等，结合相应的三元剩余曲线和三元相图的各种可能的拓扑性质，对数据库里所有的物料进行筛选，然后根据某些优选的性质（比如分离的难易程度、物料的黏度、共沸剂的使用量），对某个二元共沸体系筛选出合理的多相共沸剂，并根据某个性质进行列表，供人们进一步地选择最优的多相共沸剂。

Rodriguez 对于间歇多相共沸精馏的共沸剂提出了非常详细的选择规则[43]。他提出以引入的共沸剂带来的 6 个热力学条件，结合相对应的三元相图的拓扑限制条件，指出了相应的共沸剂选择的规则。这 6 个热力学条件如下：

① 该共沸剂 E 不引入新的共沸现象；

② 该共沸剂 E 和原始的二元共沸体系里的任何一个组分（A 或 B）形成最低均相共沸温度的共沸物；

③ 该共沸剂和原始的二元共沸体系里的任何一个组分（A 或 B）形成最高均相共沸温度的共沸物；

④ 该共沸剂 E 形成均相或多相的三元共沸物；

⑤ 该共沸剂 E 和原始的二元共沸体系里的任何一个组分（A 或 B）不完全互溶；

⑥ 该共沸剂 E 和原始的二元共沸体系里的任何一个组分（A 或 B）形成最低共沸温度的多相共沸物。

以原始的二元均相共沸为最低温度共沸体系为例，具体的多相共沸剂的选择原则在表 5.3 中显示。以第一条原则为例，图中显示为 6（A↔B）[un]。其含义为如果加入的共沸剂符合这个条件，即上面提到的第 6 条热力学条件，该共沸剂 E 和原始的二元共沸体系里的任何一个组分形成多相最低共沸物，而且该节点为不稳定节点（unstable），那么该共沸剂就是一个可能的选择，不论其沸点是低于、在两者之间或者高于原始的两个组分。其他选择原则的说明可以具体参考文献[43]。

表 5.3　Rodriguez 提出的最低温度二元均相共沸体系的多相共沸剂选择原则

编号	共沸剂		
	低沸点	中间沸点	高沸点
1	6(A↔B) [un]		
2	2(A↔B) + 6(B↔A) [un]		
3	3(A [sn↔s]↔B [sn]) + 6(B↔A) [un]		3 (A↔B)[sn] + 6 (B↔A) [un]
4	4[un]+5(A↔B)		
5	4[un↔s]+6 (A↔B)		
6	2[A↔B]+4 [un]+5 (B↔A)		
7	3(A)+4[un]+5(B)	3(A[s]↔B[sn])+4[un]+5(B↔A)	3(A↔B)[sn]+4[sn]+5(B↔A)
8	2(A↔B)+4[un]+6(B↔A)		
9	2(A[un2↔s2]↔B(un2↔s1) +4[s]+6(B↔A)[un]	2(A[un1↔s3]↔B[un1↔s2]) +4[s]+6(B↔A)[un]	2(A[un3↔s1]↔B(un3↔s2) +4[s]+6(B↔A)[un]
10	3(A)[s]+4[un]+6(B)[un↔s]		

编号	共沸剂		
	低沸点	中间沸点	高沸点
11	3(A↔B)[sn]+4[un]+6(B↔A)		
12	3(A↔B)[s↔sn]+4[sn↔s]+6(B↔A)[un]		

注：表格里数字和名称的具体含义请参见原文。

　　除此之外，其他的研究者或机构也给出了类似的选择原则。表 5.4 和表 5.5 是 DDBST 公司的共沸剂选择软件"Entrainer Selection"提供的多相共沸剂的选择原则[44]。对于这种利用热力学性质筛选共沸剂的专家系统，由人工进行计算是非常繁琐和耗时的，所幸的是利用计算机结合物料的基础气液和气液液平衡数据，可以实现高效的初步筛选工作。目前，有三家公司提供相关的计算机软件可以用于共沸剂的筛选，包括德国 DDBST GmbH 公司的"Entrainer Selection"，美国 Clear Water Bay Technology, Inc 的"AzeoDESK"，以及法国图卢兹大学开发的"REGSOLexpert"。

表 5.4　DDBST 软件对于二元最低温度共沸体系的共沸剂选择原则

A 类型	B 类型
• 该共沸剂至少引入一个新的最高压力二元共沸物 • 该共沸物可以是均相的,也可以是多相的 • 对于给定压力的情况,新引入的共沸物的共沸温度比原始的二元共沸物的共沸温度至少低 2 ℃ 　$T_{az,1\text{-}3}$ 或者 $T_{az,2\text{-}3}<T_{az,1\text{-}2}-2$ ℃ • 对于给定温度的情况,新引入的共沸物的共沸压力比原始的二元共沸物的共沸压力至少大 20 mmHg 　$P_{az,1\text{-}3}$ 或者 $P_{az,2\text{-}3}>P_{az,1\text{-}2}+20$ mmHg	• 该共沸剂引入一个最高压力三元共沸物 • 该共沸物只能是多相的 • 对于给定压力的情况,新引入的三元共沸物的共沸温度比原始的二元共沸物的共沸温度至少低 2 ℃ 　$T_{az,1\text{-}2\text{-}3}<T_{az,1\text{-}2}-2$ ℃ • 对于给定温度的情况,新引入的三元共沸物的共沸压力比原始的二元共沸物的共沸压力至少大 20 mmHg 　$P_{az,1\text{-}2\text{-}3}>P_{az,1\text{-}2}+20$ mmHg

表 5.5　DDBST 软件对于二元最高温度共沸体系的共沸剂选择原则

A 类型	B 类型
• 该共沸剂至少引入一个新的最高压力二元共沸物 • 该共沸物是均相的 • 对于给定压力的情况,新引入的共沸物的共沸温度低于原始的二元共沸物的共沸温度加 2 ℃ 　$T_{az,1\text{-}3}$ 或者 $T_{az,2\text{-}3}<T_{az,1\text{-}2}+2$ ℃ • 对于给定温度的情况,新引入的共沸物的共沸压力高于原始的二元共沸物的共沸压力减掉 20 mmHg 　$P_{az,1\text{-}3}$ 或者 $P_{az,2\text{-}3}>P_{az,1\text{-}2}-20$ mmHg	• 因为不可能存在最高温度的多相共沸物 • 停止筛选

注：1、2、3 分别表示原始的二元组分 A、B 和共沸剂 E。

　　图 5.19 显示的是 DDBST 公司的软件给出的甲醇/丙酮二元共沸体系的共沸剂的列表，按照加入共沸剂后两个原始组分的相对挥发度进行排列。显然，相对挥发度越大，分离越容易，分离效果也越好。采用专家系统进行共沸剂筛选的一个重要的好处是可以筛选到文献或日常工作中不常见的共沸剂，这为寻找高效的共沸剂提供理论依据。而且，通过软件也可以直接比较不同的共沸剂的优缺点，从而更高效地找到最合适的共沸剂。

　　需要指出的是不论是前面提到的经验法，还是利用专家系统，都只能获得符合热力学

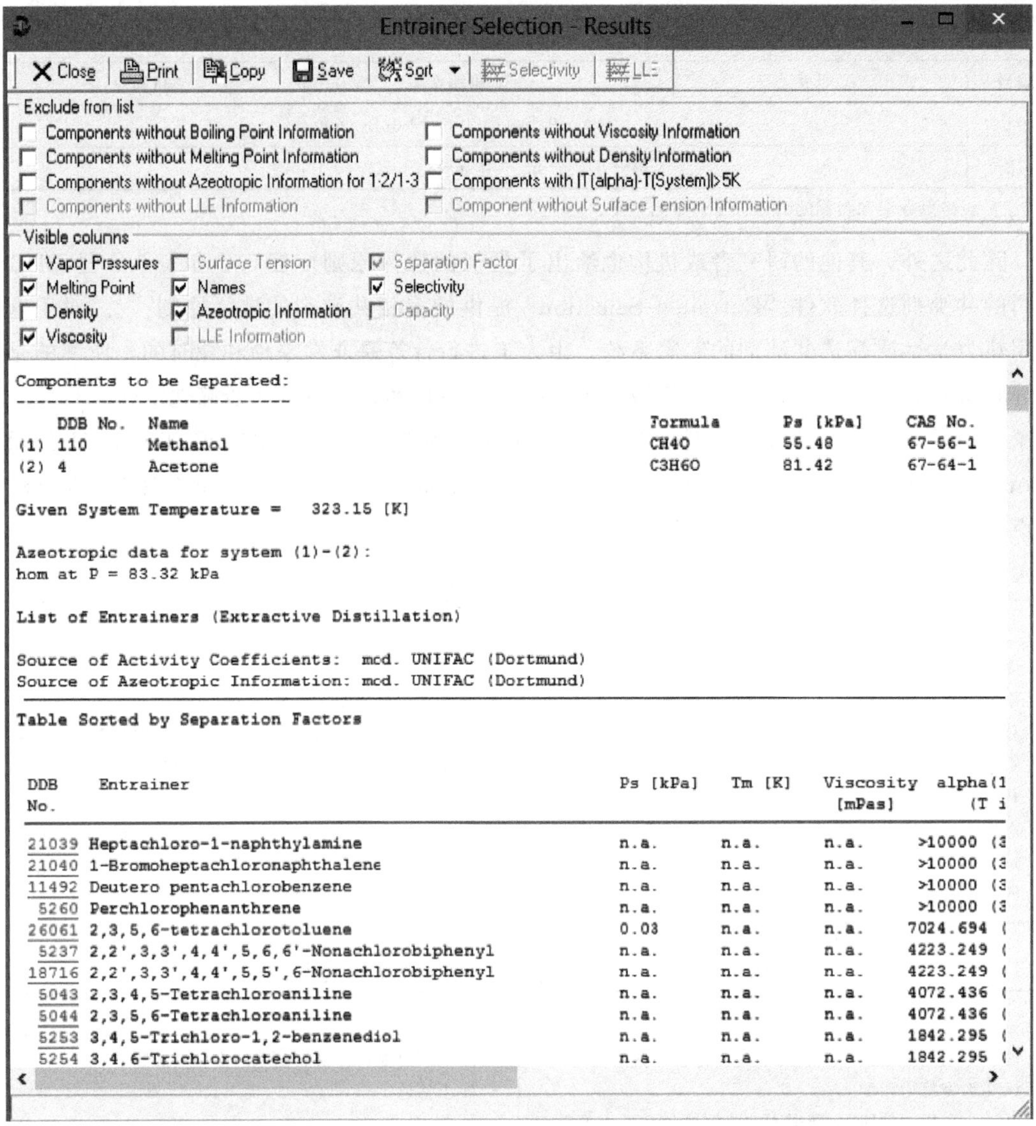

图 5.19 "Entrainer Selection"提供的分离甲醇/丙酮体系的多相共沸剂的筛选列表

条件的共沸剂候选名单。要得到真正最优的共沸剂，还需要详细地分析加入新的共沸剂以后的三元剩余曲线。这是因为选取最优的共沸剂，不仅仅要满足原始二元共沸物的完全分离，还要考虑到共沸剂用量、能量消耗的多少、共沸剂的损失、共沸剂的回收难易程度等多个方面的条件。寻找最合适的共沸剂不仅仅需要技术上的最优，而且需要经济上的最优。

5.2.2　多相共沸精馏举例

正丙醇和水在常压下存在一个均相共沸点，其摩尔分数为正丙醇 0.41，水 0.59，所以采用常规的精馏方法无法得到纯的正丙醇。苯和甲苯都是常用的多相脱水共沸剂，我们通过一个具体的实例考察不同的共沸剂的性能特点。

如果在这个均相共沸物里加入摩尔分数为 5% 的苯，然后利用间歇精馏塔对物料进行精馏分离。塔釜的加料量为 0.6 kg，摩尔分数为：苯 0.05；正丙醇 0.34；水 0.61。通过计算机模拟软件"Chemcad"对塔釜和塔顶的组成进行严格的计算，并把塔釜和塔顶组成随时间的变化在正丙醇-水-苯的三元剩余曲线图里进行标识，见图 5.20。塔顶的馏分在冷凝后分为两相，有机相全部回流精馏塔，而水相则全部采出。图 5.20 显示加入苯以后，这个三元体系一共有 4 个共沸点。每 2 个组分都有一个共沸点，而且还有一个三元共沸点。这个三元共沸点的温度最低，即为不稳定节点，在蒸发的时候会被优先蒸发出来。因为这些共沸点的存在，形成 3 条精馏边界线，把整个体系分为 3 个不同的精馏区域。

首先从计算的结果看塔釜组成的变化。随着蒸发的进行，苯很快离开塔釜，然后有机相里的苯（因为全回流）继续把塔釜里的水带出来，使得塔釜里的水逐渐减少，直到塔釜里的正丙醇的组成接近 100%。在塔顶，首先得到的馏分是三元共沸物，但是因为该三元共沸物在两相区里，所以会自动分为两相。因为水相被采出逐渐离开精馏塔，所以塔顶组成接近有机相的组成。从前面的章节中，我们已经说明常规的精馏无法跨越精馏边界线。然而，从图 5.20 看，初始的物料组成在精馏区域Ⅰ，而最终塔釜的组成为纯的正丙醇，却在精馏区域Ⅱ。这种跨越是因为塔顶的馏分分成的两相分别在精馏边界线的两侧，从而使常规不能跨越精馏边界线的操作成为可能。这是多相精馏带来的巨大优势。

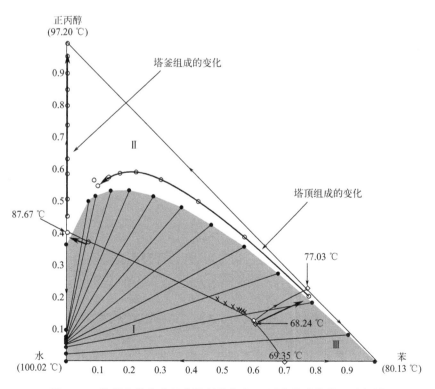

图 5.20　使用苯作为多相共沸剂分离水-正丙醇共沸物的三元相图

图 5.21～图 5.23 分别显示这个过程中塔釜组成、塔釜的物料质量和塔顶组成随时间的变化。从图中可以看出，在塔釜组成达到设定的正丙醇摩尔纯度达到 99％ 以上的时候，塔釜存有 0.15 kg 的正丙醇。这是可以完全回收的正丙醇的质量。

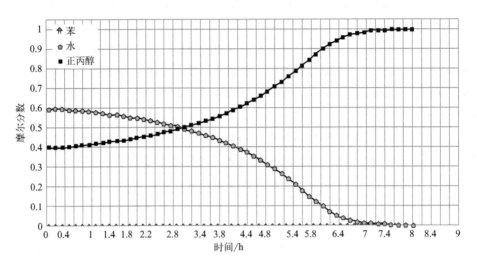

图 5.21　使用苯作为多相共沸剂分离水-正丙醇共沸物的塔釜组成

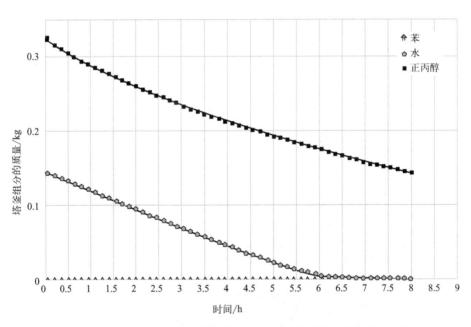

图 5.22　使用苯作为多相共沸剂分离水-正丙醇共沸物的塔釜物料质量

作为对比，图 5.24 是水-正丙醇-甲苯的三元剩余曲线图。加入甲苯后，三元系统同样有 4 个共沸点，包括 3 个二元共沸点和 1 个三元共沸点。但是，因为三元共沸点的位置不同，导致 3 个精馏区域的大小和位置与水-正丙醇-苯体系有所不同。这种不同造成了塔顶的组成随时间的变化也和水-正丙醇-苯系统有很大的不同。图 5.25 显示的是使用甲苯作为多

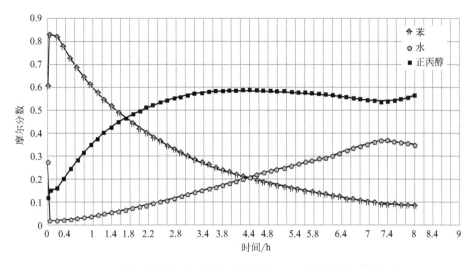

图 5.23　使用苯作为多相共沸剂分离水-正丙醇共沸物的塔顶组成

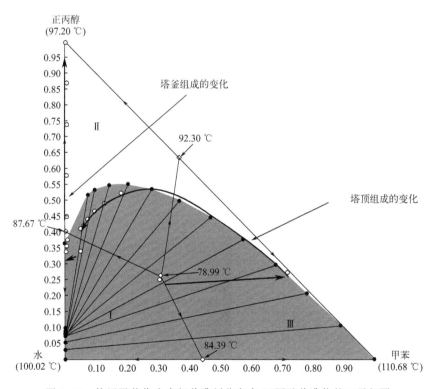

图 5.24　使用甲苯作为多相共沸剂分离水-正丙醇共沸物的三元相图

相共沸剂分离水-正丙醇共沸物的塔釜组成。

　　从计算结果看，不论加入苯或甲苯，进行间歇精馏操作过程中的再沸器加热量都在 64 W 左右。塔顶冷凝器的冷量也在 64 W 左右，差别很小。

　　但是，图 5.26 显示，在加入 5% 甲苯后，当塔釜的正丙醇摩尔纯度达到 99% 以后，塔釜里的正丙醇只有 0.07 kg。这表明，虽然加入的物质的量相同，但是使用甲苯作为共沸剂

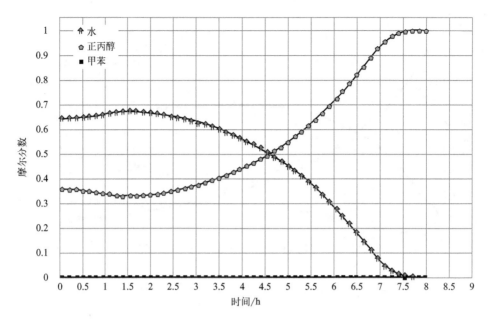

图 5.25 使用甲苯作为多相共沸剂分离水-正丙醇共沸物的塔釜组成

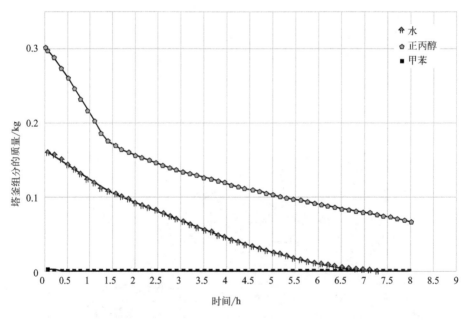

图 5.26 使用甲苯作为多相共沸剂分离水-正丙醇共沸物的塔釜物料质量

时，产品正丙醇的收率只有苯作为共沸剂的大约 50%。产品的收率是考察共沸剂的一个最为重要的指标之一。所以，从产品收率来看，苯作为共沸剂比甲苯要好得多。产品收率并不是唯一的指标，还需要考虑其他的因素。因为添加量少、产品的收率高、沸点相对低等优点，苯作为脱水共沸剂在历史上有着非常广泛的应用。然而在长期的应用中，人们发现苯有致癌性，所以苯逐渐被取代，目前基本已经很少使用了。甲苯的效率虽然不如苯高，但是因为其没有致癌性，能量的消耗和苯差不多，从而成为实验室和工业界使用最为广泛的脱水共沸剂之一。

图 5.23 和图 5.27 显示了加入苯和甲苯以后的塔顶组成随时间的变化。

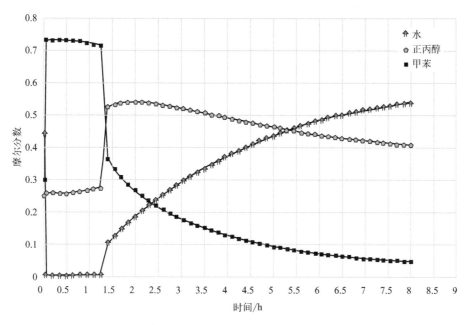

图 5.27　使用甲苯作为多相共沸剂分离水-正丙醇共沸物的塔顶组成

最后，需要说明的是，多相共沸精馏最大的用途是分离有最低共沸点的均相混合物。但是，它对于分离没有共沸点，但是沸点很接近（即相对挥发度很小）的体系同样适用。一个典型的例子是在制药行业使用很多的水和醋酸的分离。从热力学角度看，水和醋酸在常压下并没有共沸（图 5.28）。但是在接近水的一侧，醋酸和水的相对挥发度很小，也就是通常所

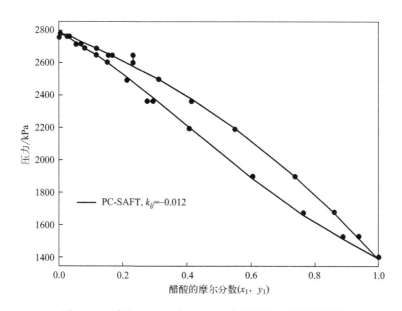

图 5.28　醋酸（1）和水（2）在常压下的气液平衡相图

称的夹点，使得采用常规分离虽然能够分开，但是所需要的塔板数和能量（即高回流比造成塔釜的加热量会非常大）会非常高。一个工业上常用的方法是使用多相共沸精馏。比如，通过加入乙酸乙酯作为多相共沸剂，可以优先把水脱除，然后塔釜就得到几乎无水的醋酸。再经过简单的精馏就能得到无水的醋酸。利用多相共沸精馏使得水和醋酸的分离既高效又能节省能源。

另外一个有夹点的体系是丙酮和水，同样，采用合理的夹带剂能够使得丙酮和水的分离变得更加高效和节能。

第6章
间歇萃取精馏

为了打破均相共沸物，实现物料的分离，在工业应用中有两个最重要的分离方法。除了第 5 章提到的多相共沸精馏之外，萃取精馏是另外一个广泛使用的方法，而且因为其独特的优势，应用范围越来越广泛，在某些领域有逐渐取代多相共沸精馏的趋势。

和多相共沸精馏类似，萃取精馏也需要引入一个新的物料 E，通常称为萃取剂或溶剂。通过分子间作用力，萃取剂扩大了原共沸物料的相对挥发度，使得其中的一个组分能以很高的纯度直接从塔顶采出，实现了该物料的分离。在间歇操作中，塔釜残留的另外一个组分和萃取剂再进行普通的精馏操作，从而实现另外一个组分的分离和萃取剂的回收。回收的萃取剂可以进行回用，以分离更多的共沸物料。萃取精馏和共沸精馏的不同之处在于加入的新物料和原二元共沸体系的任何一个组分都不会形成新的共沸物，而且该物料能很好地溶解原二元共沸物的组分。这是在萃取精馏过程中，新加入的萃取剂有时被称为"溶剂"的原因。如果加入的"溶剂"不能全部溶解原共沸物料，那么其对原共沸物的分子间作用力的作用就会变小，效果就会变差。因为不产生新的共沸物，这使得萃取精馏的分析和操作比多相共沸精馏简单得多。萃取精馏的计算机模拟也比多相共沸精馏要容易得多，因为不涉及两个液相的问题。包含两个液相的气液平衡计算要复杂得多，因为不但需要计算气-液平衡，还需要同时计算液-液平衡。对于很多的体系，能同时满足气-液平衡和液-液平衡的二元交互参数不容易获得，这就使得在模拟计算过程中很难收敛，尤其是在精馏塔的逐板计算中更难收敛。但是在萃取精馏过程中，不包含液-液平衡的问题，所以模拟计算很容易收敛。

在传统的萃取精馏中，加入溶剂的沸点往往比原二元共沸物的沸点高得多。这就使得在溶剂使用和回收的过程中，溶剂并不一定被蒸发和冷凝，从而使萃取精馏的能量消耗要比多相共沸精馏低，节约了能源。基于上面提到的几个优点，萃取精馏往往被认为比多相共沸精馏更简单高效，是一个更为优选的分离均相共沸物的方法。

6.1　萃取剂的选择

选择合适的萃取剂是打破共沸物、实现高效萃取精馏的关键。那么如何选取最合理的萃取剂呢？首先我们要考察待分离物料的相对挥发度。第 2 章的方程式（2.46）显示在压力不是很高的情况下，两个组分的相对挥发度可以由其纯组分的饱和蒸气压的比值和活度系数的比值来确定。当相对挥发度为 1 的时候，气相和液相的组分相同，也就不能实现进一步的分离，也就是共沸现象。所以，为了高效地分离，我们希望相对挥发度越大越好。

因为在温度变化范围不大的情况下（一般的精馏操作都符合这个条件），两个物料的饱和蒸气压的比值变化很小，可以视为常数。那么，两个组分的活度系数的比值就成为决定其相对挥发度的关键因素。这个比值通常称为两个组分的选择性，如下面的方程所示：

$$S_{i,j} = \frac{\gamma_i}{\gamma_j} \tag{6.1}$$

显然，选择性越高，两个组分的相对挥发度越大，分离也越容易。加入萃取剂以后，通过和不同组分的分子间作用力的不同，改变原来两个组分的选择性是选取萃取剂的基础。

因为萃取剂加入得越多，其作用力越大，对于活度系数的改变也越大，所以人们通常使用在加入溶剂后无限稀释条件下的活度系数的比值作为选择最优萃取剂的方法之一。这就要求无限稀释条件下的选择性要远离 1，而且距离 1 越远越好。

$$S_{i,j}^{\infty} = \frac{\gamma_i^{\infty}}{\gamma_j^{\infty}} \tag{6.2}$$

图 6.1 显示的是采用不同的萃取剂，对于两个不同的共沸体系（2-甲基-1-丁烯和异戊二烯、正己烷和苯）的分离过程中总成本和选择性的关系。图中的横坐标是使用不同的萃取剂时，两个组分在无限稀释条件下的选择性，如方程式（6.2）所示。纵坐标是达到分离效果的总成本，包括设备成本（塔板数）和运行成本（能源）。虽然数据不是单调下降，但是从总的趋势看，选择性越高，分离的总成本越低。选择性高的萃取剂就是更为适合的萃取剂。

萃取剂的初步筛选方法和前面提到的多相共沸精馏的共沸剂的选取方法类似。一种是根据经验，或者查阅相关的文献对待分离物系或类似物系采用的萃取剂进行收集。另外一个方法就是采用第 5 章提到的计算机专家系统进行广泛地筛选。这个筛选的逻辑和多相共沸剂的筛选逻辑类似，只是筛选的条件有所不同。

下面是 DDBST 软件的萃取剂筛选标准[44]：

① 无限稀释条件下对于待分离组分的选择性很高；

② 沸点至少比待分离组分高 40 ℃；

③ 化学性质在操作温度范围内稳定；

④ 不和待分离组分发生化学反应；

⑤ 价格低廉，来源广泛；

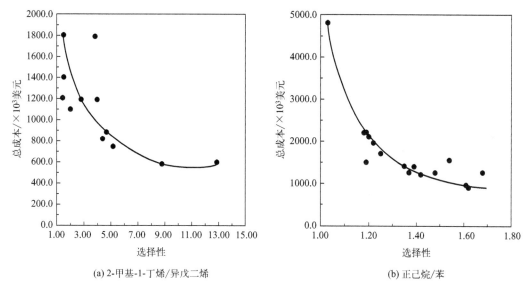

(a) 2-甲基-1-丁烯/异戊二烯　　　　　　　　(b) 正己烷/苯

图 6.1　分离总成本和萃取剂选择性的关系

⑥ 在操作条件下的黏度比较低；

⑦ 凝固点足够低；

⑧ 低毒性。

　　显然，这些标准里，第一条最为重要。无限稀释条件下的活度系数的计算方法有以下几种，包括数据库里收集的数据、实验测量、基团贡献法（UNIFAC 或改进的 UNIFAC）以及量子化学方法。表 6.1 提供了这几类方法包含的组分数量多少、计算的复杂性和其准确度的比较。

表 6.1　无限稀释条件下的活度系数 γ_i^∞ 的比较[45]

筛选标准	DDBST 数据库	实验测量	基团贡献法	量子化学方法
活度系数准确性	高（文献实验数据）	很高（精密控制条件下的实验数据）	对于常见分子基团比较高对于多分子基团中等	中等
包含的组分数量	很少	比较少	非常大	几乎所有的组分
计算复杂性	不涉及	不涉及	中等（对于 UNIFAC 里包含的基团，相对简单）	高（需要对于所有的组分进行量子计算）

　　因为这些数据库利用了基础的热力学数据，所以可能筛选到不常见的、但是性能极好的萃取剂。数据库可以根据不同的性质，对可能的萃取剂进行排序。这使得实验的工作量大大降低，极大地提高了萃取剂筛选的效率。图 6.2 是 DDBST 的筛选软件提供的分离异丙醇-水共沸体系的萃取剂的筛选结果[46-47]。从相对挥发度考察，二甲基亚砜（DMSO）是最优的萃取剂。另外，除了无限稀释条件下的相对挥发度，它也列举了其他的重要性质，比如黏度和沸点。人们可以在这个列表中挑选出几个最为合适的萃取剂，然后做进一步的分析。

(1) 2-propanol		C$_3$H$_8$O	system pressure=101.325 kPa			T_b(1)=355.47 K	
(2) water		H$_2$O				T_b(2)=373.15 K	
azeotropic data for system 1-2							
type of azeotrope：homPmax							
T_b=353.64 K							
model：modified UNIFAC(Dortmund)							

List of Solvents Introducing No Further Azeotrope(Extractive Distillation Entrainer)

| selective solvent(3) | T_b[K] | $\alpha_{1,2}^-$ | types of azeotropes introduced | | | T_m(3)[K] |
			1-3	2-3	1-2-3	
1, 2-ethanediol	470.69	4.234(399.77[K])	none	none	none	261.65
dimethyl sulfoxide	466.74	5.108(398.45[K])	none	none	none	291.69
N-methyl-2-pyrrolidone(NMP)	475.13	0.443(401.25[K])	none	none	none	248.75
N-methyl-2-piperidone	483.42	0.401(404.01[K])	none	none	none	n.a.
N-methyl-6-caprolactam	510.21	0.343(412.94[K])	none	none	none	n.a.

图 6.2　DDBST 数据库提供的异丙醇-水均相共沸物的萃取剂筛选结果

通过经验或者数据库筛选得到几个可能最优的萃取剂之后，还需要利用三元剩余曲线图对萃取剂进行更为深入的分析，最终确定最优的萃取剂。

一个常用的方法是比较不同萃取剂的等相对挥发度曲线。所谓等相对挥发度曲线是指加入萃取剂后待分离的两个组分的相对挥发度相同时，在三元相图里连线形成的曲线。在任何一条等相对挥发度曲线上，两个待分离组分的相对挥发度相同。

图 6.3 显示的是分离异丙醇和水共沸体系时，加入不同的萃取剂形成的三元剩余曲线图[46]。带有数值的曲线就是等挥发度曲线，标识的数值即为该曲线对应的等相对挥发度值。从这两张图可以看出，为达到相同的相对挥发度，二甲基亚砜的添加量比乙二醇少得多。比

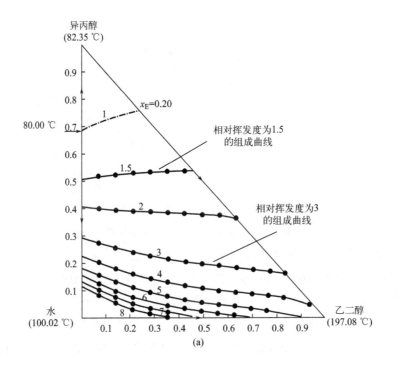

(a)

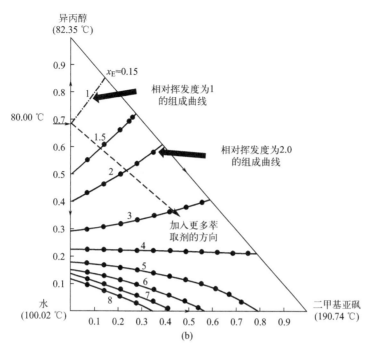

图 6.3 乙二醇（a）和二甲基亚砜（b）作为萃取剂分离异丙醇-水体系的等相对挥发度曲线

如，相对挥发度为 3 的曲线，其和异丙醇-萃取剂直线相交的点就表示了萃取剂的添加量。对于乙二醇，萃取剂的摩尔分数大约在 0.8，而对于二甲基亚砜，萃取剂的摩尔分数在 0.5 左右。达到相同的相对挥发度的萃取剂添加量越少，萃取剂的成本越低，回收萃取剂需要的能量也越低，那么该萃取剂更为优选。

等相对挥发度曲线的计算相对比较繁琐，目前的商业化软件里都没有直接得到该曲线的功能。需要采用不同的组分进行微量闪蒸得到气相和液相组分后计算相对挥发度，然后把相同的挥发度连接起来得到相关的曲线。

比较不同萃取剂最直观的方法是直接比较加入萃取剂后两个待分离组分的二元气液平衡相图。图 6.4 是采用 Aspen Plus 里的 UNIQUAC 活度系数模型计算的在加入乙二醇以后，异丙醇和水的二元气液平衡图。需要注意的是该数据虽然是加入萃取剂后二元体系的平衡组成，但是作图时把萃取剂扣除了。图中不同的曲线是加入不同摩尔分数萃取剂后的二元气-液组成曲线。可以看出，随着乙二醇添加量的增加，异丙醇/水的共沸点逐渐向纯异丙醇靠近。在乙二醇（EG）的摩尔分数接近 0.6 的时候，异丙醇和水的共沸完全被打破。此时，异丙醇和水没有共沸。因为气相的组成在对角线的上方，在精馏塔里，异丙醇会被优先蒸发出来。如果塔板数足够，那么塔顶就会得到很纯的异丙醇。

作为对比，图 6.5 显示的是采用 DMSO 作为萃取剂的异丙醇/水的二元气液平衡图。在 DMSO 的摩尔分数低于 0.4 的时候，异丙醇和水的共沸就被打破了。采用 DMSO 时，萃取剂的添加量比乙二醇少 1/2 以上，而且气相线距离对角线更远，说明相对挥发度更大，分离异丙醇和水变得更加容易。显然，对于异丙醇和水的分离，DMSO 是比乙二醇更优的萃取剂。

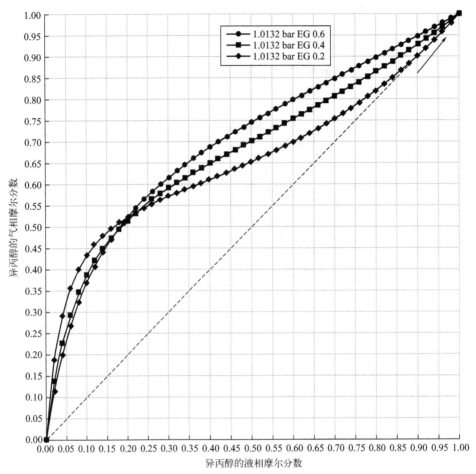

图 6.4 乙二醇作为萃取剂时的异丙醇/水的二元气液平衡图

1 bar＝0.1 MPa

表 6.2 列举出了工业上常用的分离共沸体系或者沸点差很小的体系（比如乙酸和水）采用萃取精馏方法时最优的萃取剂。这些都是从长期的研究和生产实践中总结的实例。从萃取精馏的发展历史看，最初人们一直认为只有高沸点的物质才能作为萃取精馏适合的萃取剂，但是随着研究的不断深入，人们发现不论是低沸点（比两个待分离的物料的沸点都低）、中间沸点（沸点介于两个待分离的物料的沸点）还是高沸点的物质都可能作为萃取精馏的萃取剂[48-49]。但是，从能量和萃取剂回收率的角度比较，高沸点的萃取剂仍然是优选的。

到目前为止，对于萃取剂的讨论，仅仅限于纯的单一液体组分。事实上，采用液体混合物有时会有更好的效果。混合物的浓度范围非常广，但是因为需要分离，所以在实际的工业应用中不多，有兴趣的读者可以参考相关的文献[48]。

除了液体的萃取剂以外，加入固体也可以通过改变待分离的二元物系的相对挥发度，使常规精馏不能分离的物系得到高效的分离。通常采用的固体是盐类，而且单纯从选择性角度看，固体盐类的效果比液体好得多，这主要是因为其离子效应。虽然也有人把盐类看作为固

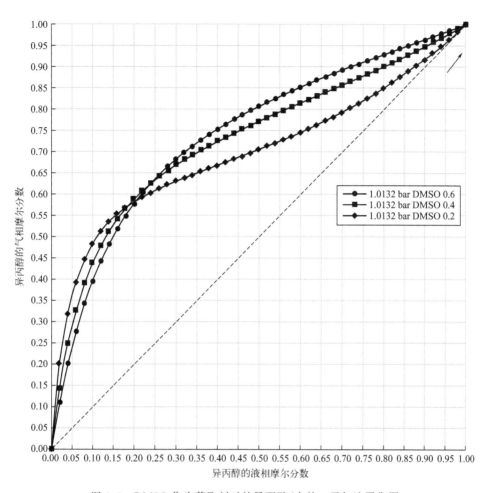

图 6.5　DMSO 作为萃取剂时的异丙醇/水的二元气液平衡图

表 6.2　工业上常用的萃取剂[48]

编号	待分离的体系	萃取剂
1	醇(乙醇、异丙醇、叔丁醇)和水	乙二醇、DMF
2	乙酸和水	乙酸丁酯、三丁胺
3	丙酮和甲醇	水、乙二醇
4	甲醇和乙酸甲酯	水
5	丙烯和丙烷	乙腈
6	C_4 烷烃	丙酮、乙腈、DMF、N-甲基吡咯烷酮、N-甲酰吗啉
7	C_5 烷烃	DMF
8	芳香物和非芳香物	DMF、N-甲基吡咯烷酮、N-甲酰吗啉

体的萃取剂，但是在本书中我们把它列为另外一种特殊精馏的方法：盐析精馏。在第 7 章中，我们再做更详细的介绍。

最后一类，也是最有发展前景的萃取剂，即离子液体。固体盐类的选择性高，但是固体不容易加料和回收，离子液体则综合了液体和盐类的优点，兼具盐类的高选择性和液体的方便性。

离子液体是一类由大体积、低对称的有机阳离子和小体积的无机阴离子组成的离子型盐，熔点通常低于 100 ℃。因为阳离子体积大且对称性低，小体积的阴离子无法与其接近形成强的离子键，只能形成液体[50]。有机阳离子主要分为四类：咪唑类、吡啶类、季铵类、季鏻类。阴离子几乎涵盖了所有的无机或有机阴离子，常见的包括 BF_4^-、PF_6^-、NTf_2^-、$N(CN)_2^-$、$CF_3SO_3^-$、CF_3COO^- 等等。图 6.6 显示的是一些在萃取精馏中常用的离子液体和其结构。

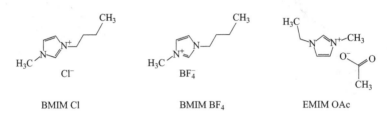

BMIM Cl   BMIM BF₄   EMIM OAc

图 6.6　萃取精馏常用的离子液体

离子液体具有"绿色"溶剂的某些性质，是近 20 年迅速发展起来的一类新型溶剂。离子液体主要有以下优点[48]：

① 因为是离子型盐类，其饱和蒸气压极低，所以不会在精馏过程中被蒸发，也完全不会污染产品，产品一般从塔顶得到。

② 离子液体的熔点一般在常温以下，沸点通常在 300 ℃ 左右，有着极宽的液程，这样的温度范围正好适合萃取精馏。

③ 萃取剂必须保证它和待分离的组分有很好的溶解性，否则不能有效地改变相对挥发度。而离子液体因为兼具无机盐和有机物质的性质，对于有机物、无机物甚至高分子材料都有极佳的溶解性，是一类极强的溶剂。

④ 因为离子液体沸点高，在萃取精馏过程中几乎不会被蒸发，损失极少，所以可以反复套用。离子液体不被蒸发也导致其萃取精馏过程的能量需求大大降低，也降低了成本。

⑤ 即使在有水的条件下，离子液体也有非常好的高温稳定性（＞400 ℃）和化学稳定性。很多常用的液体萃取剂，比如酰胺类物质、DMSO 等等，在高温和有水存在的时候可能有热分解或化学分解。

⑥ 可以很容易地通过改变阳离子和阴离子而创造出适合某类物料分离的萃取剂。

有关离子液体的高选择性可以在图 6.7 中直观地比较。图 6.7 显示的是乙腈和水在常压下的气液平衡图。众所周知，乙腈和水有一个均相的共沸点，所以 y-x 曲线会跨过 45°的对角线，由"x"曲线表示。如果采用传统的乙二醇（EG）作为萃取剂，只有当萃取剂的摩尔分数增加到 0.5 以上时，才能打破乙腈和水的共沸。但是，如果采用图中的 3 种离子液体，只要加入的萃取剂的摩尔分数为 0.1，就能打破乙腈和水的共沸，使乙腈和水实现很好的分离。离子液体显示出了极高的选择性。

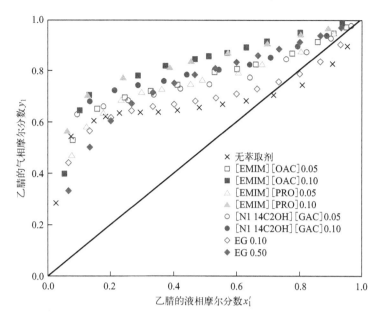

图 6.7　常压下乙腈-水和萃取剂（不同的离子液体和乙二醇）的气液平衡图

6.2　间歇萃取精馏的操作

通过优选的方法，确定了最合适的萃取剂以后，那么如何利用萃取精馏进行有效的分离，达到最优的分离效率和最小的运行成本呢？下面我们通过一个具体的实例来解释间歇萃取精馏是如何操作和优化的。

这个例子来源于精馏分离大师，William L. Luyben 教授和钱义隆教授主编的文章[46]。在这个例子中，使用水作为萃取剂来分离丙酮和甲醇的共沸物。

初始的物料包括 4 kmol 的丙酮和 4 kmol 的甲醇。丙酮的纯度要求是 95%（摩尔分数），甲醇的纯度要求是 92%（摩尔分数）。萃取精馏的流程用图 6.8 表示。精馏塔的总理论塔板数是 30（包括塔顶冷凝器和塔釜再沸器），萃取剂水在中间的第 15 块塔板进入精馏塔。萃取精馏和多元共沸精馏的最大区别是在萃取精馏中，萃取剂需要在精馏塔的某个位置连续加入，以改变待分离的均相共沸物或者沸点很接近的物料的相对挥发度，从而使普通精馏不能分离的体系进行有效的分离。为了方便比较，塔釜加热的功率始终维持在 200 MJ/h，精馏塔的塔顶操作压力为常压。

间歇萃取精馏主要分为以下几步。

（1）启动阶段

首先把待分离的丙酮和甲醇混合物料加入精馏塔釜。根据不同的工艺，可以选择在塔釜加入少量萃取剂水，或者完全不加。然后对塔釜物料加热，加热的功率是 200 MJ/h，使蒸汽逐渐上升至塔顶冷凝器，然后进行回流。同时，萃取剂水也从第 15 块塔板（精馏塔中部）加入精馏塔中。为了降低丙酮的损失，精馏塔顶进行全回流（即回流比 R_1 接近无穷大），

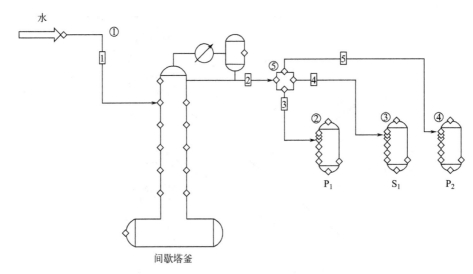

图 6.8　丙酮/甲醇的间歇萃取精馏

直到塔顶丙酮的摩尔纯度达到 92%。

（2）回收丙酮

当塔顶丙酮的纯度达到设定的要求以后，塔顶的回流比调整为 R_2，一部分塔顶的馏分被采出，收集在成品罐 P_1 中。当收集罐里丙酮的纯度达不到 95% 的要求时，该步骤停止。萃取剂的加入可以停止，或者继续进行。

（3）回收丙酮/甲醇过渡馏分

塔顶的丙酮馏分不能满足预定要求以后，调整回流比为 R_3，把塔顶馏分转到过渡馏分罐 S_1。S_1 里主要是丙酮和甲醇的混合物。此步一直进行，直到塔顶的甲醇纯度达到设定的目标。

（4）回收甲醇

塔顶馏分的甲醇纯度达到设定要求以后，调整回流比为 R_4，把塔顶的馏分转到甲醇成品罐 P_2。此步一直进行，直到 P_2 罐里的甲醇纯度开始低于设定指标 92%。

（5）回收萃取剂

当塔顶的甲醇纯度开始下降，通常还需要有甲醇和水的过渡馏分来回收剩余的甲醇，然后塔釜得到纯度非常高的水。这个水可以进行回用，进行下一批的萃取精馏。

为了比较不同条件下的分离结果，我们采用 Chemcad 软件对整个间歇萃取精馏进行模拟计算，以期得到优化的条件。在第 2 章中我们已经介绍，模拟精馏计算的基础是气液平衡，即气相某组分的逸度和其液相中的逸度相同。气相的逸度可以通过气体状态方程获得。因为这个萃取精馏的操作压力为常压，可以把气相视为理想气体。获得液相组分的逸度最重要的一步是确定能够准确计算液相活度系数的热力学模型，以及相关的二元交互参数。丙酮、甲醇和水都是常用的溶剂，采用 NRTL 模型能比较准确地计算活度系数。Chemcad 自带的热力学数据库里有完备的二元交互参数，如表 6.3 所示。这些二元交互参数是对经过热力学验证的实验数据进行拟合后得到的。

表 6.3　Chemcad 提供的 NRTL 的二元交互参数

组分 i 组分 j	丙酮 甲醇	丙酮 水	甲醇 水
a_{ij}	0	0	0
a_{ji}	0	0	0
b_{ij}	87.8485	377.577	−24.4933
b_{ji}	123.661	653.885	307.166
α_{ij}	0.3008	0.5856	0.3001

　　根据上述的二元交互参数，使用 NRTL 模型就可以计算得到丙酮、甲醇和水的三元剩余曲线图，如图 6.9 所示。在图中可以看到，整个精馏过程只有一个精馏区域，因为所有的剩余曲线都是从温度最低的丙酮/甲醇共沸点出发，逐渐接近马鞍点，然后离开，最终到达稳定节点，也是沸点最高的组分，水。因为丙酮和甲醇都是马鞍点，所以一般而言，通过普通精馏无法获得丙酮和甲醇的纯物料。但是，通过模拟计算，我们可以看到，萃取精馏可以得到足够纯的丙酮和甲醇。

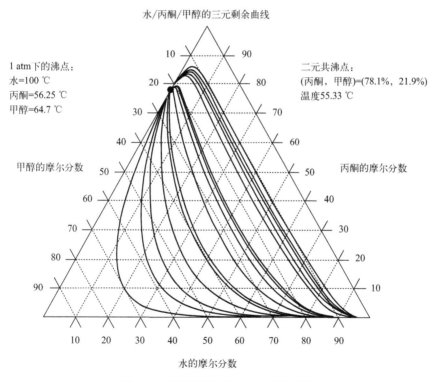

图 6.9　丙酮/甲醇/水的三元剩余曲线

　　在确定使用水作为萃取剂进行丙酮和甲醇的间歇萃取精馏过程中，有很多可以优化的参数。其中最主要的优化参数在表 6.4 中列出。这些优化参数可以分为两大类，成本和时间。当然，我们需要成本越低越好，批次的精馏时间越短越好。为了达到最低的成本和最短的时间，需要对一系列的过程变量进行调节。可调节变量也在表6.4中列出，其中最主要的是萃取剂加入的流量和每一步操作的回流比。

表 6.4　间歇萃取精馏过程中的可调节变量和主要优化参数列表

可调节的变量	优化参数
• 初始加入塔釜的萃取剂量 • 精馏塔的总理论板数 • 萃取剂加入的塔板位置 • 萃取剂加入的流量 • 间歇操作每一步的回流比 • 萃取剂停止加入的时间	• 加入单位萃取剂的产品收集量 • 符合纯度要求的产品回收率 • 总精馏时间 • 公用工程消耗(包括再沸器和冷凝器负荷) • 萃取剂回收率

因为需要调节的变量太多，不可能使用实验的方法进行优化。计算机模拟是进行工艺优化最高效可信的工具。在工艺流程和相关的热力学模型确定以后，通过计算机模拟可以很迅速地获得不同工艺条件下的成本和时间，从而进行比较，确定最优的条件。每个工艺条件的计算往往仅需要几秒到几分钟，所以大大提高了工艺优化的效率。

萃取剂的连续加入速度是最重要的调节变量之一。如果萃取剂的加入速度太低，那么其对丙酮和甲醇的相对挥发度的改变就很小，无法打破丙酮和甲醇的共沸。模拟计算表明，当水的加入速度为 1 kmol/h 时，塔顶无法获得摩尔纯度92%以上的丙酮，如表 6.5 所示。随着水加入速度的不断增加，塔顶的丙酮纯度达到92%的时间越来越短，表明丙酮对甲醇的相对挥发度越来越高，分离变得更加容易。但是，随着水加入速度的增加，丙酮的回收率也逐步下降，从50%逐渐降低到38%。这说明存在一个最佳的水进料速度，使丙酮的回收率达到最高。

表 6.5　不同工艺条件下的优化参数比较

工艺条件	萃取剂加入量/(kmol/h)	萃取剂加入阶段	初始萃取剂加入量/kmol	合格丙酮收集/%	合格甲醇收集/%	精馏时间/h
♯1	1		10	无法达到纯度要求		
♯2	2	1、2、3	10	50.2	24.7	20.3
♯3	5	1、2、3	10	39.2	12.5	18.05
♯4	5	1、2	10	39.2	18	19.6
♯5	5	1、2、3	0	40.2	16.7	18.2
♯6	10	1、2、3	10	37.7	10.5	15.6

图 6.10～图 6.12 显示的是不同的水加料速度与塔顶的组分变化曲线。很显然，在萃取剂水不断加入的情况下，塔顶的组成逐渐从丙酮/甲醇共沸物过渡到高纯度的丙酮。在水的加入速度超过 5 kmol/h 的时候，塔顶的丙酮纯度会超过 99%。因为丙酮是亚稳定的马鞍点，这样的纯度在普通精馏中无法达到。

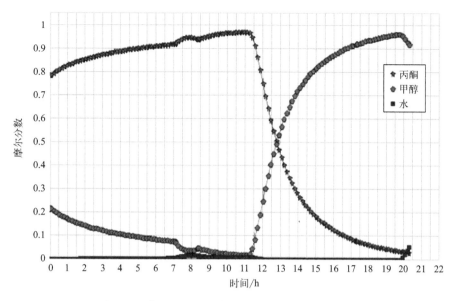

图 6.10　萃取剂进料速度 $F=2$ kmol/h 的塔顶组成

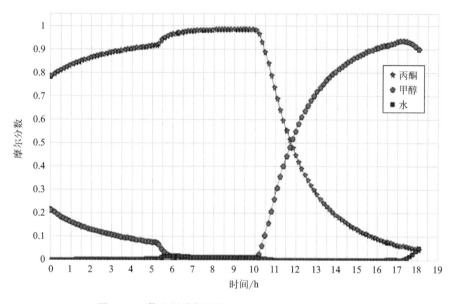

图 6.11　萃取剂进料速度 $F=5$ kmol/h 的塔顶组成

在图 6.10～图 6.12 中，萃取剂水的加入是连续的，一直持续到第 3 步结束，即丙酮/甲醇的过渡馏分全部采集结束以后。图 6.13 显示的是另外一个工艺条件下的塔顶组成，在这个工艺条件下，水的连续加入只维持到第 2 步结束，即塔顶的丙酮纯度已经无法达到预定的要求。模拟结果很清楚地显示，虽然大部分的丙酮已经从塔顶采集出来了，但是精馏塔里还有部分丙酮，如果此时停止水的连续加入，则无法抑制塔釜的甲醇逐渐上升至塔顶，这就造成塔顶的组成仍旧是丙酮和甲醇的共沸物。这是我们不希望看到的。Luyben 教授原书中写到水的连续加入在第 2 步就应该停止，这应该是不正确的，有可能是笔误。表 6.5 显示，

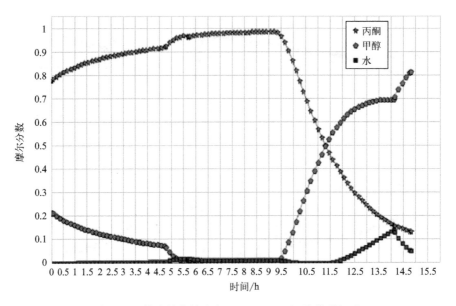

图 6.12　萃取剂进料速度 $F=10$ kmol/h 的塔顶组成

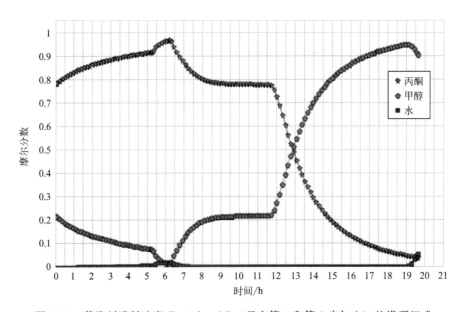

图 6.13　萃取剂进料速度 $F=5$ kmol/h（只在第 1 和第 2 步加入）的塔顶组成

虽然在第 2 步就停止水的连续加入不会影响成品丙酮的收集率，甚至还会因此降低总的水加入量，但是这样的工艺条件下的塔顶馏分组成曲线和原书中无法保持一致。

　　图 6.14 显示的是水加入速率在 5 kmol/h 时，塔釜的组成变化曲线。前面已经提到，如果需要回收纯的萃取剂，通常还需要进行第 5 步的操作，用来采集甲醇和水的过渡组成。从模拟的结果显示，在第 4 步操作结束以后，即塔顶的甲醇含量不能满足 92％的时候，塔釜里水的纯度已经高于 99％了。在实际的工业化操作中，通常并不需要回收纯的萃取剂。带有少量甲醇的水完全可以作为萃取剂回用，所以第 5 步完全可以不用。

图 6.14　萃取剂进料速度 $F=5$ kmol/h 的塔釜组成

表 6.5 里还显示了另外一个情形，即工艺条件♯5 下的模拟结果。在这个工艺条件下，初始的丙酮和甲醇混合物里没有预先加入水。在其他的工艺条件下，塔釜里都预先加入了 10 kmol 的水。计算显示，塔釜里没有预先加入水并没有影响产品丙酮和甲醇的回收率，而且因为不事先加入水，总的萃取剂消耗量也降低了。Luyben 的原书里提到了事先加入水会有利于丙酮和甲醇的分离。虽然这在理论上是正确的，但是实际的模拟计算并没有发现事先在塔釜加入水会对产品的纯度、回收率有任何实际的提高。图 6.15 和图 6.16 分别是塔釜不加入水和事先加入 10 kmol 的水时，精馏塔内从塔顶到塔釜的液体组成分布曲线。比较这 2

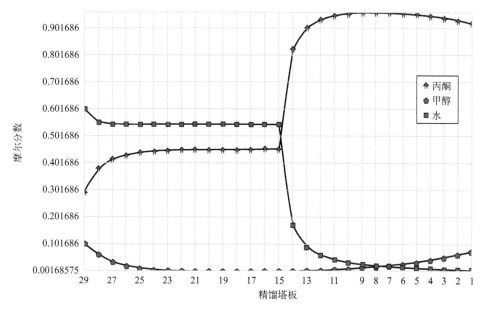

图 6.15　精馏塔节的液体组分分布曲线（塔釜不加萃取剂）

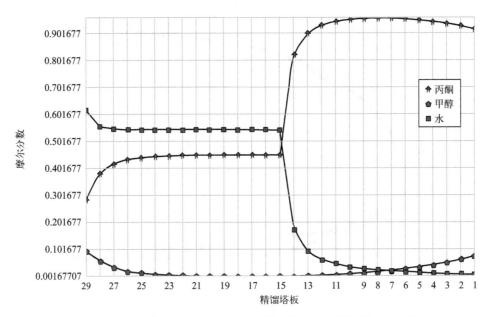

图 6.16　精馏塔节的液体组分分布曲线（塔釜加入萃取剂 10 kmol）

张图可以发现，精馏塔内液体的组成几乎完全相同。这就完全证实了事先在精馏塔釜内加入水并没有提高丙酮的回收。从降低萃取剂的使用量，进而降低成本的角度考虑，在塔釜里事先加入水并无必要。这也是和 Luyben 的原书不一致的地方。

　　前面提到，在萃取剂加入量增加的过程中，产品丙酮和甲醇的收率在逐步降低，这是不利的。同时，总的精馏时间也从 20 h 持续下降到了 15.6 h，这对降低成本是有利的。如果想得到最优的工艺条件，需要对总成本，包括时间成本进行全面和系统的比较。

第7章
其他的特殊精馏方法

在实际的工业应用中，多相共沸精馏和萃取精馏是使用最广泛的分离均相共沸物或者沸点很接近的物系的方法。除此之外，还有许多其他的特殊精馏方法可以分离共沸物。对于某些特定的物系，这些特殊的精馏方法可能比多相共沸精馏或萃取精馏的效果更好、成本更低。本章就介绍 3 种常用的特殊精馏方法。

7.1 变压精馏

变压精馏是利用共沸组成随压力而变化的（这是区分共沸点和纯物质最有效的方法）特性，在不同的压力下对精馏共沸物进行精馏，将浓度在共沸点一侧的混合物提纯到另外一侧，从而打破共沸的障碍，实现共沸物系的分离。对于分离一个均相共沸体系，变压精馏应该是优先需要考虑的分离方法，因为变压精馏不需要额外加入任何第三种物质。

变压精馏要获得工业应用，在两个操作压力下的共沸组成至少有 5% 的变化，更为合理的是至少有 10% 的变化[20]。低压不能过低，否则使用常规的冷却水不能冷却塔顶物料；高压也不能太高，否则会造成塔釜的温度过高，塔釜物料可能发生分解。

下面以分离乙二胺和水对变压精馏进行详细的说明。乙二胺的工业化生产一般采用乙醇胺临氢氨化的方法。反应的副产物是水，所以为了获得高纯度的乙二胺，必须要对乙二胺和水进行分离。乙二胺和水在常压下存在一个高温共沸点，使得采用常规的精馏无法分离。

为了考察变压精馏是否适合乙二胺和水的分离，首先需要看乙二胺和水的二元气液平衡相图。根据上面提到的操作压力的限制范围，选择了 2 个操作压力，低压选择 0.1 atm，高压则选择2 atm。图7.1是乙二胺和水在2个选定的操作压力下的气液平衡曲线。从曲线看，乙二胺和水的共沸点在2个不同的压力下的变化比较大。表7.1给出了2个压力下的组成数据。在选定的操作压力范围内，水的摩尔分数从0.1 atm下的0.2，下降到了2 atm下的0.11，下降幅度接近50%。这说明乙二胺-水的共沸点对操作压力比较敏感，适合采用变压精馏的方法。

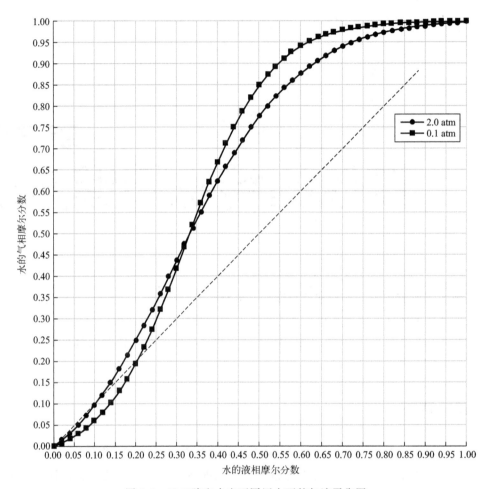

图7.1　乙二胺和水在不同压力下的气液平衡图

表7.1　不同压力下的乙二胺-水的共沸组成

质量分数	2atm	0.1atm
水	0.1137	0.2066
EDA	0.8863	0.7934

图7.2是著名的开源化工流程模拟软件DWSIM列举的由印度学者采用DWSIM软件进行的乙二胺-水的连续变压精馏的过程模拟。进料的流股是S-01，其组成为0.4（摩尔分数）的乙二胺和0.6（摩尔分数）的水。进料进入第一个高压塔，操作压力为2 atm。塔顶得到S-02，其中水的摩尔分数为0.984，几乎接近于纯水。塔釜的流股S-03进入低压塔，操作压

FLOWSHEET：

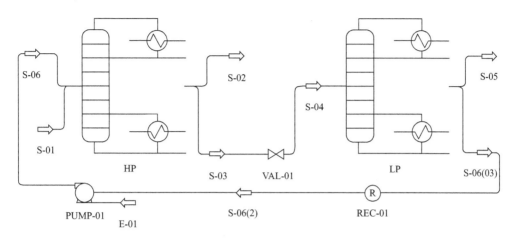

RESULT：

MASTER PROPERTY TABLE							
Object	S-02	S-03	S-01	S-05	S-04	S-06(03)	
Temperature	120.654	136.411	25	58.3105	55.7352	54.8888	C
Pressure	2	2	1	0.1	0.1	0.1	atm
Molar Flow	60.849	123.479	100	39.2864	123.479	84.1928	kmol/h
Molar Fraction(Mixture)/Water	0.984722	0.2769	0.6	0.00344635	0.2769	0.4045	
Molar Fraction(Mixture)/Ethylenediamine	0.015278	0.7231	0.4	0.996554	0.7231	0.5955	
Phases	Liquid Only	Liquid Only	Liquid Only	Liquid Only	Mixed	Liquid Only	
Energy Flow	−4672.32	−3758.8	−5527.83	−658.411	−3758.8	−3533.83	kW

图 7.2　DWSIM 的乙二胺-水的变压精馏示例

力 0.1 atm。低压塔的塔顶得到 S-05，其中乙二胺的摩尔分数为 0.996，达到工业级别乙二胺的纯度。低压塔的塔釜流股 S-06 含有 0.59（摩尔分数）的乙二胺，重新回到高压塔，继续回收乙二胺。

低压塔的塔顶温度为 58.3 ℃，所以可以采用普通的冷却水作为塔顶冷凝器的冷凝介质。高压塔的塔釜温度为 136.4 ℃。乙二胺在此温度下是稳定的，不会造成明显的降解或变质。而且，维持这个温度可以采用高效的中压蒸汽作为再沸器的加热介质。这个变压流程作为工业上分离乙二胺和水的混合物是适用的。

变压精馏既可以用来分离最高温度共沸点，也可以用来分离最低温度共沸点。对于最高温度共沸点，塔釜物料进行循环；对于最低温度共沸点，塔顶物料进行循环。

虽然变压精馏有很多优点，但是在实际的工业生产中应用并不是很多。这涉及几个方面的原因。第一，大部分的共沸物其组成对压力的变化不是很大，这就造成了如果采用变压精馏，就意味着循环量会非常大。大量的循环物料被蒸发和冷却，导致能耗会很高。第二，因为操作压力不同，使得过程控制比较复杂。第三，对于最低温度共沸物，纯组分只能在塔釜采出。塔釜物料往往含有较多的重组分杂质，从塔釜采出的纯组分可能需要一个额外的塔或者操作步骤去除重组分，才能获得足够纯的产品。

表 7.2 列举了部分适合变压精馏的共沸物，读者可以作为参考使用。

表 7.2 适合变压精馏的共沸体系

丙酮/甲醇	乙醇/乙酸乙酯	甲醇/甲乙酮
丙酮/氯仿	乙醇/二噁烷	甲基异丁酮/正丁醇
丙酮/氯仿/甲苯	异丁醇/异丁酸乙酯	正庚烷/异丁醇
乙腈/水	异戊烷/甲醇	正庚烷/丙酮/环己烷
乙酸/甲苯	甲醇/碳酸二甲酯	正庚烷/丙酮
乙酸/乙酰二甲胺	甲醇/乙酸乙酯	苯酚/乙酸丁酯
苯胺/正辛烷	甲醇/四氢呋喃	正丙醇/甲苯
苯/异丙醇	甲醇/三甲氧基硅烷	正丙醇/环己烷
四氯化碳/乙酸乙酯	甲醇/苯/乙腈	四氢呋喃/水
氯仿/甲醇	甲缩醛/甲醇	四氢呋喃/乙醇
环己酮/苯酚	甲酸乙酯/甲醇	甲苯/正丁醇
乙醇/水	甲乙酮/苯	水/乙二胺

虽然上面的例子里使用的是连续精馏，但是变压精馏同样适用于间歇精馏。唯一的区别是连续精馏在 2 个塔的稳态操作需要在一个间歇精馏塔中分多步进行。下面是采用间歇精馏塔使用变压精馏分离水和乙二胺混合物的基本步骤：

① 把乙二胺和水的混合物在 2 atm 下进行精馏操作，调节回流比，塔顶会分离出足够纯的水，作为废水排出，直到塔顶的水的纯度低于排放的要求。

② 继续进行精馏操作，塔顶采出水和乙二胺的混合物，直到塔釜的水含量低于 0.1 atm 下的共沸组成，这个馏分收集起来供下一批回用。这一步很重要，否则不能在下一步得到纯的乙二胺。

③ 降低精馏塔的操作压力至 0.1 atm，调节回流比等操作条件，塔顶得到足够纯的乙二胺，作为产品采出，直到塔顶的乙二胺纯度低于设定的要求。

④ 把第二步收集的馏分加入精馏塔，然后补加和采出的水和乙二胺等中的原始混合物，重复第一步的操作。

7.2 盐析精馏

盐析精馏又称为加盐精馏或加盐萃取精馏，可以看成是萃取精馏的一个特例，只是把萃取剂从一般的有机液体变成了无机盐。对于无机盐在其溶解度很大的组分里，盐电离后的离子形成离子电场，和该组分的分子有很强的作用力，束缚了该分子的运动，使其逸度降低，导致其挥发度大大降低，从而使另外一个溶解度低的组分的相对挥发度增高，有利于这 2 个组分的分离。因为无机盐在水中的溶解度一般都很大，所以盐析精馏非常适合含水物系的分离。因为极性相差很大，水和很多的有机物容易形成共沸体系，盐析精馏在分离这些共沸物时有着重要的用途。

　　盐析精馏使用最广泛的领域是醇类的脱水，尤其是乙醇的脱水。因为燃料乙醇的消耗量非常大，这为盐析精馏的工业化提供了合适的机会。

　　因为电离产生的离子电场对水分子的作用力更大，作为萃取剂，无机盐比第 6 章提到的液体有机物的效果更好。接近共沸组成的乙醇-水的混合物，其乙醇/水的相对挥发度大约在 1.01，如果加入一定量的乙二醇，可以把相对挥发度提高至 1.85，但是如果加入少量的醋酸钾，相对挥发度可以提高到超过 2.0。这就打破了乙醇和水的共沸，在精馏塔的塔顶可以得到很纯的乙醇。图 7.3 是实验测量的加入 10%质量分数的醋酸钾和未加醋酸钾的乙醇-水系统的气液平衡曲线[51]。非常明显，在不加入醋酸钾的时候，乙醇-水存在一个共沸点。当加入 10%的醋酸钾以后，乙醇/水的相对挥发度大大提高，共沸被打破。在图 7.3 中也可以看到，在醋酸钾存在下的乙醇-水的气液平衡数据可以由 Aspen Plus 里的热力学模型 eNRTL 来进行比较精准的描述。eNRTL 是在普通的 NRTL 模型的基础上，通过增加离子-离子，分子-离子间的短程交互作用和离子-离子之间的长程交互作用对吉布斯自由焓进行修正后得到的活度系数模型。它可以对有电解质存在的体系的活度系数进行有效的拟合。

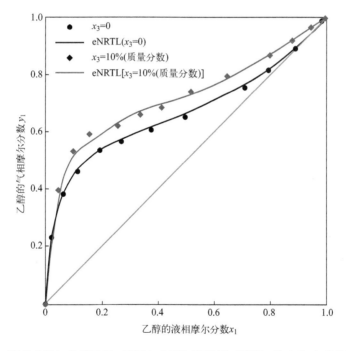

图 7.3　加入 10%（质量分数）的醋酸钾（菱形）和不加醋酸钾（圆形）的乙醇-水的常压气液平衡曲线[51]

　　盐析精馏和萃取精馏类似，图 7.4 是一个典型的采用盐析精馏进行乙醇脱水的工业化流程[52]。流程中首先使用普通精馏在第一个塔的塔釜去除进料里大部分的水分，塔顶得到接近于乙醇和水的共沸物。然后在第二个塔里，通过在精馏塔的上部不断加入醋酸钾的水溶液，增大了乙醇和水的相对挥发度，从而在塔顶得到很纯的乙醇。塔釜则得到水和醋酸钾的混合物。这个溶液经过蒸发浓缩以后再回到第二个塔进行循环使用。

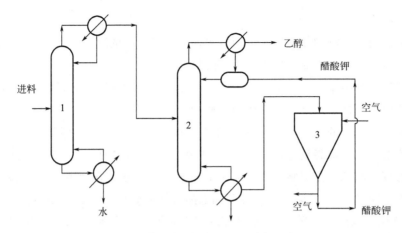

图 7.4　采用醋酸钾进行乙醇脱水的流程

　　盐析精馏同样可以通过间歇精馏实现，只不过需要在一个精馏塔中分多步实现，所以不如连续塔效率高。需要引起注意的是，即使是间歇精馏，盐溶液也需要从精馏塔的上部不断地加入精馏塔节中，使盐离子和物料在每一层塔板或填料充分地混合溶解，才能发挥其真正的作用。如果仅在塔釜加入盐是不行的，因为这样只能保证盐在塔釜的一级分离中发挥作用，但是不能保证在精馏塔节里的分离过程中发挥作用。

　　和普通的萃取精馏相比，盐析精馏有着非常明显的优点。因为电场的影响，盐电离出来的离子对于待分离组分分子的影响比普通的液体有机物大得多，所以其选择性也高得多。因为选择性高，盐的添加量也会相对少一些。这些对于降低成本都是有利的。另外，盐几乎没有挥发性，所以不会污染塔顶采出的组分。盐析精馏也有其局限性。首先，要使盐发挥作用，盐必须在待分离混合物里有良好的溶解性。但是，无机盐在一般有机物里的溶解性都不高，只有在水中的溶解度很高。而且无机盐在一般情况下以固体存在，固体的加料、溶解、蒸发和转料都不如液体方便。无机盐的离子对金属的腐蚀性很强，也限制了盐析精馏的广泛应用。目前盐析精馏工业应用最多的是乙醇和异丙醇的脱水。

　　表 7.3 列举了部分无机盐和液体萃取剂混合物对于接近共沸组成的乙醇-水混合物的相对挥发度的影响[48]。很明显，无机盐对于相对挥发度的影响比液体有机物大得多。这表明无机盐萃取精馏的效率更高。另外，如果在液体萃取剂里加入少量的无机盐，会显著提高萃取的效率。但是，采用液体萃取剂和无机盐的混合物作为萃取剂也带来很多回收方面的困难，所以虽然从理论上可行，但是实际的工艺应用并不多见。

表 7.3　部分无机盐和溶剂对于接近共沸物的乙醇-水相对挥发度的影响[48]

编号	萃取剂	相对挥发度
1	无	1.01
2	乙二醇	1.85
3	氯化钙	3.13
4	醋酸钾	4.05
5	乙二醇＋氯化钠	2.31

编号	萃取剂	相对挥发度
6	乙二醇＋氯化钙	2.56
7	乙二醇＋氯化锶	2.6
8	乙二醇＋三氯化铝	4.15
9	乙二醇＋硝酸钾	1.9
10	乙二醇＋硝酸铜	2.35
11	乙二醇＋硝酸铝	2.87
12	乙二醇＋醋酸钾	2.4
13	乙二醇＋碳酸钾	2.6

7.3　精馏和其他分离方法的耦合

到目前为止，我们已经详细介绍了间歇精馏的原理和操作方法，以及处理某些特殊物系（共沸体系或沸点差很小的体系）的特殊精馏方法。但是，精馏作为一个典型的热分离过程，不可避免地存在能耗高、效率相对低，从而使其成本相对较高的缺点。如果是分离含水的物系，因为水的蒸发热非常高，这种缺点就更加明显。在这种情况下，采用传统精馏工艺和其他分离工艺的耦合，取长补短，发挥各种分离操作的优势，就会进一步提高分离的效率，从而大大降低操作成本。下面我们就介绍两种在工业应用中最常见的精馏耦合方法。

7.3.1　精馏和膜分离的耦合

膜分离技术是近 30 年来迅速发展起来的新型高效分离技术。目前使用最广泛的分别是以复合高分子材料和无机分子筛为基础的分离膜。其原理是依靠膜两侧的压力差为推动力，利用混合物里各个组分在膜上面的吸附和扩散速率的不同来实现组分的分离。易渗透的组分可以迅速地渗透到膜的渗透侧，而吸附/扩散慢的组分在膜的截留侧收集起来，从而实现了对混合物的分离。因为是利用吸附和扩散的物理性质，而不是蒸气压的不同，所以膜分离不受气液平衡的制约，这对于分离共沸体系和沸点差很小的体系是非常有效的。

根据进料状态的不同，膜分离又可以分为渗透汽化（pervaporation）和蒸汽渗透（vapor permeation）两种工艺。渗透汽化工艺里，进料是以液态的方式进入，液体在渗透过程中发生相变为蒸汽，渗透侧以气相形式出料。而在蒸汽渗透工艺里，进料一般为过热的蒸汽，在渗透过程中不会产生相变，渗透侧也是以气相出料。可以根据物料和膜的性质决定采取哪种工艺，但是两种工艺在原理上区别并不大。图 7.5 是比利时 Secoya 公司提供的渗透汽化过程的示意图。待分离的混合物加热后以液体形式流过膜的下侧，易渗透组分首先吸附在膜的表面，然后通过扩散穿过渗透膜到达膜的上侧。这些渗透过膜的组分在膜后的冷凝装置里冷凝为液体，进行富集和回收。膜的上侧通常通过抽真空或者吹扫惰性气体来降低渗透组分的分压，提高分离的推动力，增加膜的通量。

不论是有机复合膜还是无机分子筛膜，其孔道都相对很小，只能允许水或者甲醇这样的

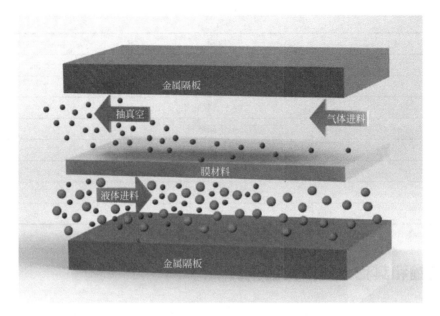

图 7.5　渗透汽化过程示意图（Secoya 公司）

小分子通过。因为含水物系里有共沸现象的体系最多，所以膜分离技术对于分离含水的有机物系，特别是含水的有机溶剂最为合适。

　　国内的膜分离工艺以 NaA 分子筛为基础的无机膜为主，以宁波信远膜工业股份有限公司和江苏九天高科技股份有限公司为代表。主要的应用领域都是中性溶剂的脱水，如图 7.6 所示。对于酸性和碱性的溶剂，比如乙酸、胺类物质的脱水目前尚不成熟，没有大规模的工业化应用。

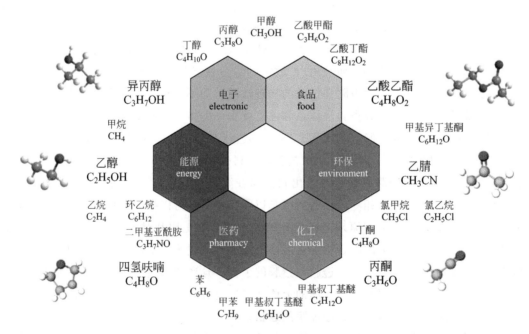

图 7.6　宁波信远膜工业提供的分子筛膜的应用领域

　　和精馏工艺相比，膜分离共沸物不需要加入第三种物质，无污染，而且节能 1/3～1/2，是一种典型的节能和清洁的分离工艺。但是，因为推动力小，而且通过膜的扩散系数很小，这就造成了膜分离的通量通常比较小。膜分离的处理量和膜的面积成正比，所以在放大的过程中，处理量的增加会导致所需的膜面积需要等比例的增加。另外，单级的膜分离往往达不到很高的分离纯度的要求，实际的工业应用中需要多级膜分离进行逐级的提纯。这些都导致膜分离装置的初始设备投资大等缺点。精馏工艺的通量很大，易于放大，但是很难处理共沸体系和沸点差很小的体系。精馏-膜耦合技术通过结合精馏技术和膜分离技术，发挥各自的优势，克服各自的缺陷，成为一种高效节能的新型分离工艺[53]。

　　图 7.7 是瑞士苏尔寿公司提供的一个典型的精馏-膜分离耦合工艺的流程，用于醇类、酯类、酮类和醚类物质和水的分离。下面以应用最广泛的乙醇脱水为例进行说明。如果进料乙醇中的水含量很高（超过 30％），由于膜通量的限制，直接使用膜进行水的分离的效率就会非常低，所以首先使用传统的精馏操作，把进料中的大部分水通过精馏塔的塔釜去除，塔顶得到接近共沸组成的含水量很低的乙醇。接着塔顶物料进入膜分离组件，渗透液里主要是水和少量的乙醇，可以部分回到精馏塔回收乙醇，大部分作为废水处理。不能渗透的物料作为产品，通过冷凝器冷却，进行收集。产品里的水含量非常低，通常在 0.5％以下。对于其他的分子量更大的溶剂体系，比如异丙醇、四氢呋喃、乙腈等，通过膜分离得到的产品里的水含量能低于 0.1％甚至更低。

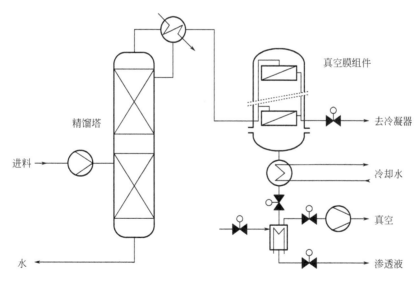

图 7.7　苏尔寿典型的精馏-膜分离耦合工艺

　　因为膜的孔径和扩散速度的限制，如果想得到超低的水含量，比如 0.1％以下，单独采用膜分离会非常困难或几乎不可能达到。但是通过采用和精馏耦合的方式，就可以容易地实现。图 7.8 是一个生产超低水含量的乙腈工业流程，其中产品要求水含量低于 0.005％[54]。在此工艺流程中，原始物料已经通过传统精馏去除大部分的水分，然后储存在原料储罐里。接着物料进入膜分离组件，在膜的截留侧得到含水 0.1％的乙腈，可以暂时存储起来。渗透

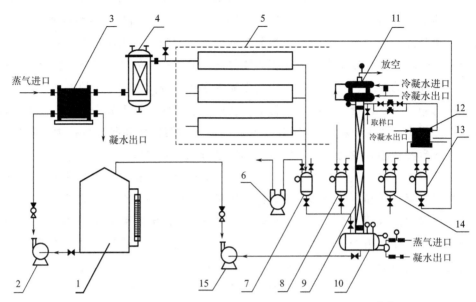

图 7.8　超低水含量乙腈的间歇精馏-膜分离耦合工艺流程[54]

1—原料储罐；2—进料泵；3—预热器；4—过滤设备；5—膜组件；6—真空泵；7—渗透液储罐；8—产品过滤罐；
9—精馏塔；10—精馏塔釜；11—精馏冷凝器；12—精馏冷却器；13—共沸物储罐；14—产品储罐；15—釜液泵

侧得到含水比较高的乙腈可以回用。含水 0.1% 的乙腈存储到足够的量以后，加入精馏塔的塔釜，通过间歇精馏首先得到乙腈/水的共沸物，然后经过中间过渡组分，最后塔顶得到水含量低于 0.003% 的乙腈产品。

在这个工艺中，虽然水的沸点更高，但是因为共沸的原因，水和乙腈的共沸物被优先蒸发出来并从塔顶去除。这样，塔釜里的水含量就可以达到极低了，从而获得极高的乙腈纯度。这是反向利用共沸现象，达到更高级别的分离效果的一个典型例子。另外，和前面提到的多相共沸和萃取精馏相比，采用这种精馏-膜分离的耦合工艺，能量也降低了 2/3，设备投资和特殊精馏相当，已经实现了工业化，取得了良好的经济效益。

上面这个例子表明，通过采用灵活的精馏和膜分离的不同组合方式，可以实现单一的精馏或单一的膜分离都无法达到的产品纯度或者降低能量消耗的目的。

7.3.2　精馏和反应的耦合

下面介绍一种特殊的精馏和反应耦合的案例。它不同于通常的反应精馏，而是巧妙地利用了化学反应对精馏的影响，从而极大地提高了精馏的效率。

这个例子是采用三丁胺对乙酸和水进行分离[48]。应该说明，乙酸和水在常压下并没有共沸现象，但是如果考察乙酸和水的气液平衡曲线，就会发现在靠近水的一端存在夹点，即气相组成非常接近 45°斜线，如图 7.9 中的三角形曲线所示。也就是说在接近水的一端，乙酸和水的相对挥发度相差很小，采用普通的精馏虽然可以把两者分开，但是需要数量很多的精馏塔板数和很大的回流比，这会造成初始设备投资和运行费用都很高。根据这些特点，人们也提出了采用多相共沸精馏（采用乙酸乙酯、乙酸丁酯等作为夹带剂）和萃取精馏（采用己二腈、苯乙酮等作为萃取剂）等特殊精馏方法，但是采用三丁胺作为分离助剂比上述方法有更大的优势。

三丁胺作为胺类物质，呈弱碱性，而乙酸为弱酸。这两种物料混合会发生如下的化学反应：

$$CH_3COOH + (CH_3CH_2CH_2CH_2)_3N \Longrightarrow (CH_3CH_2CH_2CH_2)_3NH^+ \cdot OOCCH_3$$

$$(7.1)$$

作为一个酸和碱的加成物，三丁胺和乙酸的相互作用力远远超过水和乙酸的分子间作用力，所以乙酸会和三丁胺紧密结合，这使得水的相对挥发度大幅提高，水会很容易从混合物中蒸发出来。

图 7.9 中的另外两条曲线（菱形和球形）分别代表了加入不同量的三丁胺以后，水和乙酸的气液平衡曲线。很明显，加入三丁胺以后，水相对于乙酸的挥发度大大提高，夹点已经不存在了。

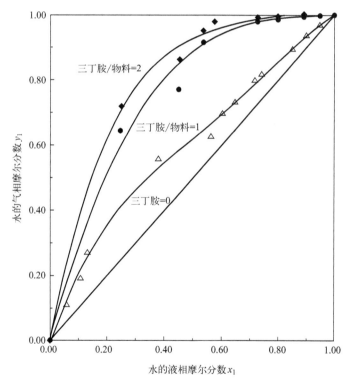

图 7.9 水（1）-乙酸（2）物系在不同的三丁胺加入量下的气液平衡曲线

在实际的工业应用中[55]，采用三丁胺进行水和乙酸的分离过程分为几个步骤：

① 首先在水和乙酸的混合物中加入和乙酸等摩尔分数或稍微过量的三丁胺，搅拌均匀。

② 然后在间歇精馏塔里，在低压下（比如 100 mmHg）对混合物进行加热。

③ 因为三丁胺和乙酸反应生成加成物，水会优先从塔顶蒸发出来，而夹带的乙酸是极微量的。

④ 等到精馏塔里的水分越来越少，塔顶的温度会逐步提高，塔釜会有部分游离的三丁胺。游离的三丁胺保证了不会有乙酸随着水被蒸发上去。

⑤ 等到塔釜的水分全部被蒸发以后，塔釜里只有三丁胺和乙酸的加成物。

⑥ 在常压下继续精馏，因为该加成物不稳定，会分解为乙酸和三丁胺。乙酸的沸点很低（118 ℃），所以会优先被蒸发出来。塔顶得到非常纯的乙酸。

⑦ 三丁胺的沸点很高（214 ℃），所以会留在塔釜，然后在下一批精馏回用。

从上面的例子可以看出，通过加入三丁胺，巧妙地利用了化学反应的可逆性，极为高效地实现了乙酸和水的分离。这为有机酸/碱和水的分离提供了一条可行的思路。

需要指出的是上述的反应精馏也有很多的限制条件。比如，酸和碱的沸点差需要很大，需要分离的产品的沸点要比加入的反应物低很多。酸和碱的反应需要是可逆的。如果反应是不可逆的或可逆性不强，那么产品的收率就会大大降低。这就是上述的例子中使用三丁胺而不是正丁胺或二丁胺的原因。如果使用正丁胺或二丁胺，反应几乎不可逆，在加热的情况下加成物会失水转化成高度稳定的酰胺，就失去了反应精馏的价值。

第8章
间歇精馏的计算机模拟

从前面的章节，我们可以看到间歇精馏不是稳态的，各个工艺条件（温度、压力、组成、蒸发量、回流量等等）都会随着时间的变化而变化。这就导致了间歇精馏过程比稳态的连续精馏复杂得多。如果想得到最优的生产条件或者最合理的生产计划，比如最高的产品收率、最短的操作时间、最少的能量消耗或者最高的生产利润等等，因为可以调节的变量太多，而且这些参数会随时间改变，所以单纯依靠做实验摸索或经验显然不能满足工业生产的要求。工艺过程的计算机模拟则提供了一个最为有效的工具。

20 世纪 70 年代，某跨国公司的 CEO 曾说过，计算机模拟将是未来 30 年化工企业提高生产效率最有效的工具。现在看来，这个预测不仅完全正确，而且已经大大超出了他的预测。计算机模拟已经深入到化工生产的方方面面，从设计到生产，到规划，到物流，它已经成为现代化学工业不可或缺的工具。

8.1 化工过程计算机模拟软件简介

化工过程的计算机模拟的发展和模拟软件的开发和应用是分不开的。20 世纪 70 年代出现的以 FLOWTRAN 和 PROCESS 为代表的模拟软件开始在工业界大规模应用，化工过程的模拟软件经过了一个革命性的发展历程。各种通用和专有软件层出不穷，不断更新，直到今天仍在不断地改进和扩大应用的深度及广度。这里只简单介绍一下间歇精馏过程中常用的模拟软件。

(1) Aspen Plus

Aspen Plus 是一款应用最广泛的大型通用化工过程模拟软件，由美国 Aspen Tech 公司开发。它最初是以稳态的流程模拟为基础开发的，后来增加了对间歇过程模拟的模块 Batch-Frac。BatchFrac 在很长一段时间内都是间歇精馏模拟的标准程序，但是在 2010 年以后的很长时间该模块都没有更新和支持，导致使用 Aspen Plus 无法对间歇精馏进行有效的计算机模拟。随后 Aspen Plus 推出了一个独立的模块 Aspen Batch Modeler，专门对间歇精馏和间歇反应过程进行模拟。从 2019 年的 Aspen Plus V10 开始，Aspen Batch Modeler 被逐渐淘汰，在 Aspen Plus 的标准模块里重新增加了一个专门进行间歇精馏模拟的 BatchSep 模块。

因为 Aspen Plus 是以稳态的连续过程为基础开发的，所以它的间歇精馏模拟功能并不是很强大。Aspen Plus 最大的优点是其软件本身自带的数据库几乎是所有的模拟软件中最全的。它里面包含的计算物性和气液平衡的热力学模型也几乎是最全的。从 V11 开始，Aspen Plus 的间歇过程模拟进行了重大的扩充和改进，其计算的稳定性和收敛性能都比前面的版本高。

(2) Chemcad

Chemcad 是由美国 Chemstations 公司开发的一个大型通用化工模拟软件。Chemcad 里面有一个专门进行间歇精馏的模块 CC-Batch，可以进行常规的间歇精馏过程的模拟，甚至包括多相共沸精馏、萃取精馏、变压精馏等相对复杂的过程。如果需要进行非常复杂的间歇精馏的模拟，则需要使用 Chemcad 的动态模拟模块 CC-Dynamic。Chemcad 最大的优点是简单易学，初学者很容易进行软件的操作。里面包含的功能也非常强大。CC-Batch 基本上就能进行大部分精馏过程的模拟，计算速度非常快，也比较容易收敛。CC-Dynamics 可以轻松模拟间歇精馏过程中物料的累积，参数的控制和调节，以及严格的传热和传质过程。模拟结果可以通过各种曲线和图表非常方便地供用户选择，以便客户可以通过模拟结果指导研发或生产。

Chemcad 的缺点是其数据库不是很大，里面只含有 2000 多个组分，所以很多的物质可能在 Chemcad 的数据库里无法找到。但是 Chemcad 提供了很多参数拟合的工具，读者可以从其他的文献或者实验得到的基础数据上添加自己所需要的组分，然后按照合理的模型进行热力学参数和传递参数的拟合，再用于模拟计算。

(3) Prosim BatchColumn

Prosim 系列软件是法国 Prosim 公司开发的大型通用模拟软件，其中 BatchColumn 是专门用于间歇精馏过程的独立模块。它同样可以对非稳态的间歇精馏过程进行严格的计算，对于相关的半连续，中间进料的间歇精馏等复杂的过程也能胜任。

BatchColumn 可以直接调用 Prosim 软件的通用物性数据库 Simulis Thermodynamics，而且可以直接对精馏塔和附属设备按照尺寸进行严格的动态模拟。Prosim 的网站上提供了很多不同类型的间歇精馏模拟的案例，有兴趣的读者可以按照他们提供的方法进行学习和参考。

除此之外，还有其他的大型通用软件，比如 Aveva 的 Pro/Ⅱ、霍尼韦尔公司的 UniSim、PSE 公司的 gPROMS 等等，都有各自的间歇精馏的模块或者采用其中的动态模拟模块可以对间歇精馏进行严格的计算。

这些模拟软件都已经经过了大量工业化实际案例的验证，其背后的有关间歇精馏的方程都是相同或类似的，读者可以根据需要选择任何一种。

8.2 热力学模型的选择

其实，所谓计算机模拟就是对一个工艺装置或系统进行物料和能量的衡算，再结合装置的特点和进出装置流体的物性对一个装置或一个工厂进行完整的计算和预测。因为精馏是基于气液相平衡的一个分离过程，准确地计算混合物系里每一个组分在气相和液相平衡时的物理性质是进行间歇精馏模拟的关键。所谓的热力学模型就是可以计算这些物理性质的一系列理论和经验的数学方程。

计算机模拟主要计算以下 3 个方面的物理性质：

① 气液平衡状态下每个相里各组分的组成；

② 各个组分和混合物的焓值（即热量数据）；

③ 各组分和混合物的传递性质（比如密度、黏度、表面张力、热传导系数等等）。

其中，传递性质的计算相对简单。一般以测量得到的数据为基础，按照各参数相应的方程，拟合相应的参数得到。如果没有实验数据，也可以根据模型进行估算。这些模型一般都是温度的函数。

最重要也是最困难的是计算气液平衡的热力学模型，因为它是计算气液平衡组成和各个组分焓值的基础。没有准确合理的热力学模型，计算机模拟将毫无意义，因为计算结果都是错误的。只有选择了正确的热力学模型，模拟计算才可能是合理的。因为气液平衡里各个组分的组成关系可以由每个组分的相对挥发度 K 来表示 [见方程式(2.44)]，所以这类热力学模型有时称为 K 值模型。K 值模型是通过物理学的基本定律和热力学的限制条件推导而来，同时对实测数据进行参数拟合得到的。选取合理的热力学模型需要考虑以下因素：

① 工艺过程中的组分及其大致的浓度；

② 压力和温度的范围；

③ 体系可能存在的相态；

④ 流体的性质；

⑤ 有关的数据是否完备。

8.2.1 吉布斯相律

因为物系的相态对热力学模型的选择有重大的影响，我们首先介绍一下吉布斯相律。决定一个体系的工艺状态的参数可以分为两大类。

① 广延参数：物质的量、质量、体积；

② 强度参数：温度、压力、密度、比体积、组分的摩尔分数或者质量分数。

强度参数和体系的总量无关，而广延参数和体系的总量成正比。在一个平衡的状态下，能够独立改变的强度参数的数量称为这个体系的自由度（F）。这可以由吉布斯相律来确定：

$$F = m - P + 2 \tag{8.1}$$

式中　m——体系里组分的数量；

　　　P——体系里相的数量。

间歇精馏过程一般不涉及化学反应，但是如果需要考虑化学反应，比如反应精馏，那么可以采用下面的吉布斯相律方程：

$$F = m - P - r + 2 \qquad (8.2)$$

式中　r——平衡状态下独立化学反应的数量。

举例而言，如果一个纯组分，比如水和氮气处于气液平衡状态。此时，$m=2$（水和氮气），$P=2$（气和液两相）。那么体系的自由度为 $F=2$，任意 2 个强度参数确定了，那么该体系的所有性质就确定下来了。例如体系的温度和压力，气相的体积分数和温度/压力中的任何一个，等等。

对于一个二元的体系（即包含 2 个组分），处于气液平衡条件下，按照上面的吉布斯相律，体系的自由度也是 2。因为体系里组分的组成占了一个自由度，那么只剩下一个自由度了，可以根据情况采用温度或者压力。比如，在体系压力确定的情况下，体系的温度就是固定的。当气相分数为 0，此时对应的温度就是泡点温度；当气相分数为 1，此时对应的温度就是露点温度。

确定体系的自由度的意义在于，当进行模拟计算的时候，我们知道有多少个变量可以任意取值，否则，就会造成体系变量太多，过度定义一个体系，导致计算过程中发生冲突，使计算无法进行。

8.2.2　热力学模型

热力学模型的选择和体系的相态有着密切的关系。通常化工过程中物料的相态分为固体、液体和气体三种形式。精馏过程中几乎不涉及固体，所以我们在此不讨论固体。

（1）气相的热力学模型

对于气相，通常使用状态方程来描述体系的各个参数的关系。最简单的例子就是大家熟悉的理想气体状态方程。

$$PV = nRT \qquad (8.3)$$

式中　P——体系的压力；

　　　V——体系的体积；

　　　n——体系的总物质的量；

　　　R——摩尔气体常数；

　　　T——体系的热力学温度。

只要是体系的压力不高（小于 1 bar，1 bar＝0.1 MPa），温度不低（物料的沸点以上），描述气相的热力学模型可以采用理想气体状态方程。这可以很容易地从压缩因子的值得到验证。

压缩因子 Z 是为了表征真实气体和理想气体的差别而引入的一个参数，如方程式(8.4)所示。真实气体和理想气体在状态上的差别全部包含在压缩因子里。当压缩因子为 1 的时候，表征真实气体的方程就简化为理想气体状态方程。

$$PV = ZnRT \tag{8.4}$$

很明显，真实气体的压缩因子和 1 的差别就能体现出其偏离理想气体的程度。图 8.1 显示的是常见的有机烃类的压缩因子随温度和压力的变化情况。可以看出，即使在 $10 \sim 70$ ℃这样的低温条件下，在 1 bar 的操作压力下，常见烃类的压缩因子只比 1 低 4%，也就是说其和理想气体的偏差只有 4%。在常规的间歇精馏操作中，操作的温度要高得多，而且很多的操作在真空条件下，压力要低于 1 bar，所以采用理想气体状态方程来描述间歇精馏的气相造成的偏差会非常小。事实上，在各大精馏模拟软件里，如果不做特殊设置，精馏过程中的气相通常都采用理想气体状态方程来计算各组分的物性。

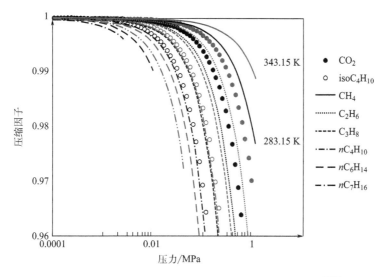

图 8.1　常见有机烃类的压缩因子随温度和压力的变化[56]

如果操作压力比较高（>1 bar）或者操作温度比较低，气相和理想气体的偏差比较大，就必须采用真实气体状态方程。在第 2 章里，我们已经提到，真实气体的状态方程主要包括以下这些：

① SRK（Soave-Redlich-Kwong）方程

$$P = \frac{RT}{V - b} - \frac{\alpha a}{V(V - b)} \tag{8.5}$$

式中，a 和 b 都是体系里组分的参数，由组分的临界温度和临界压力进行计算得到，而 α 由偏心因子计算得到。

② PR（Peng-Robinson）方程

$$P = \frac{RT}{V - b} - \frac{a}{V(V + b) + b(V - b)} \tag{8.6}$$

式中，a 和 b 都是组分的参数，由该组分的临界温度和临界压力和偏心因子进行计算得到。

以上两个方程是工业界使用最广泛的真实气体状态方程，是从著名的范德华气体方程改进而来的。如果把方程展开就会发现里面都含有体积 V 的 3 次方项，所以此类方程又称为立方型状态方程。

另外一类气体状态方程是以幂级数形式表达的真实气体方程，称为维里方程。维里方程一般以体积或者压力作为变量，通过包含更多的幂级数项来提高计算精度。BWRS、M-H（马丁-侯）、Lee-Kesler 方程都是改进的维里方程。这类幂级数方程比较复杂，包含的参数很多，但是对单一组分或者单一组分占比很高的体系（比如天然气）有很高的精确度。有兴趣的读者可以参考有关的书籍。

利用这些状态方程里的参数（P、V、T）的关系，然后通过方程式(2.16)就可以计算真实气体的逸度系数，从而得到气相里各个组分的逸度。

最后一个特殊的情况是某些组分，特别是含有氢键的脂肪族羧酸，比如甲酸、乙酸、三氟乙酸等等，在气相会发生缔合现象。因为羧酸含有极性很强的氢键，即使在低压下的气相，羧酸分子极易形成稳定的二聚体或者多聚体，以二聚体最为常见。二聚体的产生改变了该组分在气相中的逸度，对气液平衡产生了重大的影响，在模拟计算中必须予以考虑。最常用的 2 个气相缔合的模型是 Hayden O'Connell 模型和 Marek and Standard 模型。读者可以根据所研究的体系进行选择。

表 8.1 是化工模拟软件 Chemcad 推荐使用的不同情况下的真实气体状态方程。

表 8.1　Chemcad 推荐使用的气相的真实气体状态方程

应用范围	K 值方法
碳氢化合物 压力>10 bar	Soave-Redlick-Kwong(SRK)
非极性碳氢化合物 压力<200 bar 温度-18~430 ℃	Grayson-Streed(GS)
碳氢化合物 压力>10 bar 也适用于深冷系统	Peng Robinson(PR)
单一组分气相 气体压缩过程	Benedict-Webb-Rubin-Starling(BWRS)

（2）液相的热力学模型

液相的热力学模型在第 2 章里已经做了比较详细的说明，可以分为逸度法和活度法。逸度法采用和气相类似的状态方程，同样利用方程式(2.16)就可以计算出液相组分的逸度。

然后根据相平衡的原则，即各个组分在气相和液相里逸度相同的原则，就可以得到组分的相对挥发度，从而可以得到相平衡条件下的组成。

$$f_i^{\mathrm{V}} = f_i^{\mathrm{L}}$$

$$f_i^{\mathrm{V}} = \phi_i^{\mathrm{V}} y_i P \qquad f_i^{\mathrm{L}} = \phi_i^{\mathrm{L}} x_i P$$

$$k_i = \frac{y_i}{x_i} = \frac{\phi_i^{\mathrm{L}}}{\phi_i^{\mathrm{V}}}$$

目前，除了高压下（>10 bar）的石油烃类或者操作压力远高于临界压力（此时，液相和气相不能区分）的情况下采用状态方程计算的误差比较小，在其他的应用中使用不多。如果物料的极性不是很高，另外一个改进的 PR 方程，Peng-Robinson-Stryjek-Vera 方程，简称 PRSV，通过增加一个纯物质的可调节参数，可以达到和活度法类似的准确性[57]。

活度法的应用最为广泛，对于常见的有机物都可以应用，但是操作压力不能太高，一般低于 10 bar，否则误差会非常大。模拟计算最常用的活度系数方程和其适用的体系在表 8.2 中标识。其中，Wilson、NRTL 和 UNIQUAC 是最常用的。一般而言，Wilson 活度系数方程的准确性最高，但是需要注意的是 Wilson 方程不能用于有 2 个液相的体系。NRTL 和 UNIQUAC 可以用于 2 个液相的体系。活度系数方程都需要有混合物里各组分的二元交互参数，而二元交互参数一般通过文献或实验得到相关的气液平衡数据，然后进行拟合得到。应该指出，活度系数方程不但可以计算气液平衡，而且可以计算液-液平衡。不过需要注意的是描述同一个体系的气液平衡和液液平衡的活度系数方程的二元交互参数不一定相同。事实上，在很多情况下为了和实验数据相吻合，满足气液平衡的二元交互参数和液液平衡的二元交互参数并不相同。活度系数方程在多元共沸精馏和萃取精馏过程中有着广泛的应用。

表 8.2　不同类型液体所适用的热力学模型

液体类型	体系分子分布示意图	典型物质	适用的热力学模型
理想液体 分子大小类似,随机均匀分布		纯组分或分子大小和类型极为相似的混合物	状态方程 SRK PR BWRS Grayson-Streed(GS)
普通液体 分子大小不同,随机均匀分布		压力＞10 bar 条件下的烃类	状态方程 SRK PR BWRS Grayson-Streed(GS)
极性液体(非理想液体) 分子按照类型形成团簇		压力＜10 bar 的常见的极性有机物	活度系数方程 Wilson NRTL UNIQUAC UNIFAC
电解质溶液 含有电解质,并能够解离为带电荷的离子		含有离子盐或者可以电离为离子的组分	活度系数方程 eNRTL Pitzer

如果没有二元交互参数，可以根据物质的分子结构，使用 UNIFAC、改进的 Modified UNIFAC（Dortmund）或者 Joback 模型来估算二元交互参数。从笔者使用的情况看，对于很多的极性物质，UNIFAC 模型预测的准确性相当高，对于共沸现象也能预测得比较准确。

所以，如果在没有任何数据的情况下，UNIFAC 可以作为初始的模型进行估算。UNIFAC LLE 可以用于 2 个液相的体系。

如果体系里含有电解质，即可以电离成离子的物质，这个体系就是电解质体系。因为离子带电荷，和其他离子和分子间的相互作用力要比普通分子间的范德华力强得多。而且，离子不能单独存在，常规定义的纯物质作为标准状态对于离子不能使用。所以，电解质体系需要采用单独的电解质模型进行活度系数的计算，其中工业上应用最广的是 eNRTL 和 Pitzer 模型。

除此之外，还有一些特殊的体系会采用特殊的热力学模型。这些模型的适用范围一般都比较窄，但是对于适用的体系其精确度都很高。比如蒸汽的性质一般采用蒸汽表进行计算，而不采用任何普通的状态方程或者活度系数模型。

因为每个体系都有所不同，所以到目前为止没有一个通用的热力学模型可以准确地预测所有体系的物性和平衡组成。这导致热力学模型数量众多，而且各自有其适用范围。在各个主流的模拟软件里，都有相应的热力学模型指导原则来帮助用户根据其需要模拟的体系进行正确的选择。图 8.2 是 Aspen Plus 里的热力学模型选择助手，可以根据所研究的组分或者工艺过程选择合理的热力学模型。Chemcad 可以由软件里的"物性向导"，根据体系里的组分以及操作的温度和压力自动推荐物性方法并导入软件，供模拟使用（见图 8.3），这大大节省了操作人员在选择物性上的时间和精力。

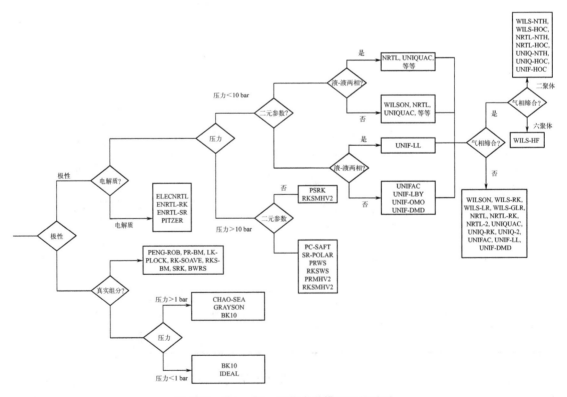

图 8.2　Aspen Plus 的热力学模型选择助手

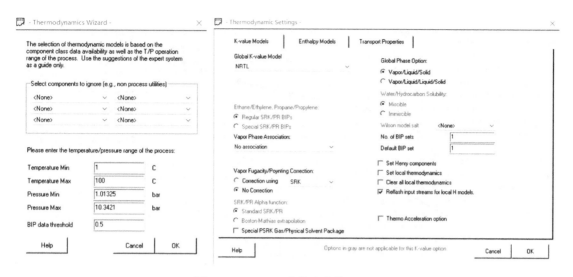

图 8.3　Chemcad 的热力学模型向导

8.2.3　热力学模型的验证

因为热力学模型是一切计算机模拟的基础，所以即使根据物料性质或工艺过程选择了可能是最适合的热力学模型，还需要进一步验证其准确性。如果热力学模型选择不当，模拟计算过程中软件并不能给出错误信息，仍旧会按照给定的模型进行计算，从而导致错误的结论，使相关的精馏设计完全无效。

图 8.4 是分别采用 NRTL 模型 (a) 和 SRK 模型 (b) 计算得到的乙醇/水的气液平衡曲线。可以看出，NRTL 准确地预测了乙醇和水有共沸物，而且共沸组成在乙醇摩尔分数为 0.9 左右。这和实际值非常接近，完全可以进行相关的工艺计算。SRK 方程虽然也预测了乙醇和水有共沸现象，但是其预测共沸组成里乙醇的摩尔分数在 0.6 左右，与实际不符。而且，在乙醇浓度低的区域，乙醇/水的相对挥发度非常高，这也和测量数据不符。如果采用 SRK 模型，就会导致工艺计算完全错误。对于模拟软件里已有完备数据的组分，读者可以采用软件数据库里的数据对不同的热力学模型计算得到的结果进行比较，然后选择最合适的模型。如果软件里没有，则可以通过查阅相关的文献或者亲自做实验获取至少部分数据，然后作为基准比较不同的热力学模型，选择一个和实测数据最吻合的模型。

需要特别说明一点，即使是最好的软件也不能完全替代实验数据。有些最关键的数据，比如是否有共沸、是否存在液-液两相等等，如果没有实际的数据很难通过软件准确预测。所有知名的模拟软件，比如 Aspen Plus、Aspen-Hysys、Chemcad 等都能预测 2-甲基吡啶和水有多相共沸，即 2-甲基吡啶和水存在不能完全互溶的液相区域。但是，在室温下简单地混合水和 2-甲基吡啶就会发现，2-甲基吡啶和水在室温下是完全互溶的，并不存在不互溶的两个液相。如果想采用多相共沸的方法来分离水和 2-甲基吡啶，就不能只依靠 2-甲基吡啶本身，必须另外加入新的共沸剂，比如环己烷，形成真正的多相共沸来实现。

有关热力学模型的选择可以参考下面的原则：

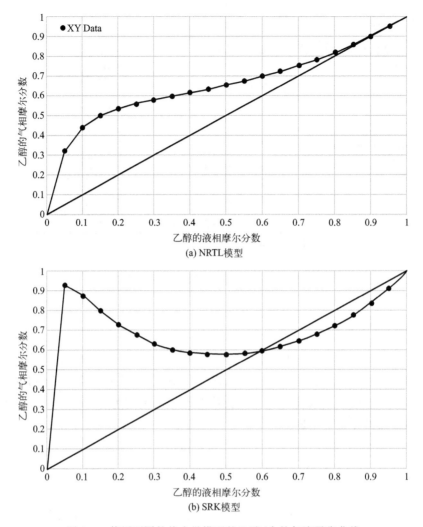

图 8.4 使用不同的热力学模型的乙醇/水的气液平衡曲线

① 如果有实验数据，最好使用实验数据进行参数的拟合，这样的模型最为准确。

② 对于一个物系，特别是未知物系，最好能采用多个热力学模型预测其气液平衡数据。如果所有的模型预测的数据都比较相近，那么这些热力学模型的可靠性就比较高，在没有实验数据的情况下可以用来进行初步的模拟计算。

③ 可以使用 UNIFAC，利用分子结构来预测二元交互参数。

④ 对于普通的物系，只要压力不是很高，气相推荐采用状态方程，而液相一般采用活度系数法，这样的适应性和准确性最高。

⑤ 对于含有氢键的物料，特别是羧酸，其在气相中会产生缔合现象，需要采用相应的热力学模型。

⑥ 对于压力大于 1 bar 的体系，气相采用状态方程法进行逸度系数的调整。

⑦ 对于包含能电离为离子的电解质体系，采用电解质模型。

⑧ 对于含有特殊物质的体系（比如无机酸、胺吸收 CO_2、特定的物料等等），各大商业

软件会有相应的经过验证的物性插件或模板供用户使用。

8.3　间歇精馏模拟案例分析

学习精馏模拟最好的方法是通过具体的案例，然后以此为基础，深入了解软件的使用，最后再根据相关的热力学和传递过程，触类旁通，应用到自己研究的体系里。

下面的间歇精馏模拟案例全部采用 Chemcad 软件。对于简单常规的间歇精馏过程，可以采用 Chemcad 里一个专门进行间歇精馏的模块，CC-Batch。如果需要进行复杂的间歇精馏，包括控制和详细的传热和传质过程的计算，则需要使用 Chemcad 的动态模拟模块，CC-Dynamic。

8.3.1　间歇精馏模拟的基础

图 8.5 是 Chemcad 里一个典型的间歇精馏的流程。使用 CC-Batch 模块建立间歇精馏过程，用来研究不同的参数对于分离的影响，为精馏过程的设计和操作提供参考。应该注意，这个模块对实际的间歇精馏过程做了某些简化：

① 模拟计算总是从全回流开始，忽略初期的物料添加，加热至全回流建立平衡的过程。

② 塔釜再沸器和塔顶冷凝器是联立求解的。

③ 除了塔内操作，忽略传热和传质速率的影响。比如，如果指定输入的热量值，塔釜再沸器总是能得到这些热量，而不考虑是否存在换热器的限制；如果指定塔顶的回流比，也不考虑冷凝器的换热速率是否存在限制。

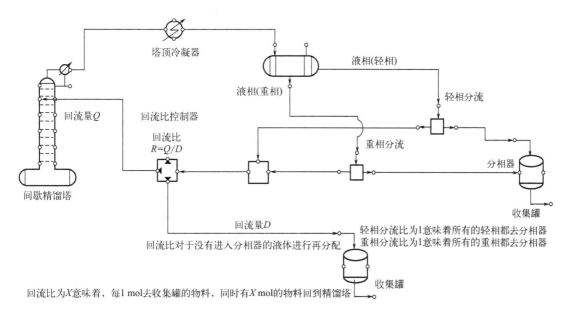

图 8.5　一个典型的间歇精馏的流程

精馏操作是基于热量的分离方法，其原动力来自于塔釜的热量输入，所以对于任何间歇精馏操作，一个基本的要求是首先明确塔釜的加热量，或者塔釜物料的蒸发速率。这个蒸发量必须足够支持塔顶一定量的回流。随着精馏过程的进行，轻组分首先在塔顶被收集，这就会导致塔釜里的轻组分降低，塔釜的温度上升。在固定回流比的操作条件下，为了维持塔釜的蒸发量，塔釜的加热量需要相应地增加。如果是固定塔顶组成，回流比需要随着精馏的进行而增加，塔釜的加热量也需要同步增加。这就要求提高塔釜加热介质（比如导热油）的温度或者加热介质（比如蒸汽）的流量。

一个装置的质量和能量衡算决定了其各个工艺参数不是完全独立的，而是相互关联的。对于间歇精馏塔而言，其自由度是 2，即只能设定 2 个独立的工艺参数，这和连续精馏塔是一样的。这 2 个工艺参数设定以后，整个精馏塔的操作就确定了，比如：

① 在操作压力固定的情况下，固定塔顶馏分的温度就固定了塔顶馏分的组成。

② 在塔釜蒸发量固定的情况下，塔顶的回流比决定了塔顶馏分的采出速度。

③ 塔顶回流比和塔顶馏分的采出速度不是独立的，设置了其中一个条件，另外一个就固定了。

④ 不能同时设置塔釜再沸器和塔顶冷凝器的换热量，因为它们不是独立的。

表 8.3 列出了在间歇精馏模拟过程中最常使用的独立变量，读者可以根据实际的情况进行选取。

表 8.3　间歇精馏最常见的独立变量

第一独立变量	第二独立变量
回流比	塔顶馏分采出速率（摩尔速率或质量速率）
冷凝器换热量	塔釜再沸器的换热量
塔顶馏分温度	塔釜物料蒸发速率（摩尔速率或质量速率）
塔顶馏分组成（摩尔分数或质量分数）	

采用 CC-Batch 模块进行间歇精馏操作一般分为以下几个步骤：

（1）初始阶段

待分离的物料首先在操作压力下做一个闪蒸计算。当气相分率设置为 0 的时候，此时的温度就是物料的泡点温度。然后，通过进行全回流操作在精馏塔内建立一个组分分布。

（2）操作阶段

如果是简单蒸馏，可以在软件里设置 2 块理论塔板，塔顶冷凝器采用全凝器，并设置回流比为 0。这样就能保证整个的操作实际上只有 1 块理论塔板。

如果不是简单蒸馏，精馏塔里有精馏段，那么需要设置的理论板数需要大于分离所需要的最小理论板数。最小理论板数可以由 Fenske 方程计算得到：

$$N_{\min} = \frac{\lg\left[\left(\dfrac{X_d}{1-X_d}\right)\left(\dfrac{1-X_b}{X_b}\right)\right]}{\lg\alpha_{avg}} \tag{8.7}$$

式中　$N_{\min}$——最小理论板数；

X_d——关键轻组分在塔顶馏分里的摩尔分数；

X_b——关键轻组分在塔釜里的摩尔分数；

α_{avg}——关键轻组分和重组分的平均相对挥发度。

Fenske 方程是在全回流的条件下根据连续精馏推导出来的，但是对于间歇精馏同样可以进行估算。在实际的精馏模拟中，因为现代计算机的运行速度一般都非常快，只有几秒钟，最简单的方法是首先设置一个非常大的理论板数，比如 $50\sim100$ 块，保证分离可以轻松达到要求，然后再逐渐减少理论板数，直到在该理论板下所需的回流比变得非常大，就基本可以确定所需要的最小的理论板数。

按照分离方案，设置每一步分离步骤的详细分离条件。如果塔顶液相馏分可能会分离为 2 相，那么需要设置塔顶冷凝液收集罐有分相功能（如图 8.5 所示）。然后根据分离的方案，可以采用轻相/重相全部回流到精馏塔，或是部分回流到精馏塔。这在 Chemad 里可以轻松实现。

（3）停止条件

在每一步分离步骤里，需要设置该步骤终止的条件。这种终止的条件是非常灵活的，几乎任何合理的工艺条件都可以作为终止条件，比如操作时间、组成、收集量、回流比、温度等等。

CC-Batch 可以把计算得到的工艺参数实时生成曲线，供操作人员进行分析，从而及时调整分离策略。如果在模拟过程中发现错误或者遇到不收敛的情形，软件会自动提示，方便操作人员对参数进行修改。

下面通过一些实际的模拟案例，对间歇精馏的模拟进行更为详细的说明。

8.3.2　间歇精馏模拟的实际案例

（1）案例 1：简单蒸馏，指定塔釜再沸器的输入热量

要求对一个甲苯和水的混合物在常压下进行简单的蒸馏分离。混合物的总质量为 550 kg，其中，水的质量分数为 18%，甲苯为 82%。

因为甲苯和水在常温下不完全互溶，所以热力学模型中，气液平衡 K 值模型采用可以处理液-液两相的 NRTL，物料的焓值计算采用液体的潜热方法。另外，还需要在总体流程的相选择里选择 $V/L/L/S$ 选项，即工艺过程中可能含有液-液或者液-固两相。

首先打开 CC-Batch 里的精馏塔，输入待分离物料的总质量和质量分数，以及操作压力（见图 8.6）。如果设置汽化分率为零，就能得到物料的泡点温度 84.073 ℃。然后设置理论板为 2 块，塔顶冷凝器设为带有分相器的全凝器，分相器的轻相全回流到精馏塔，而重相为全采出模式。

模拟设定只有 1 个步骤，运行时间选定为 5.8 h。塔釜再沸器的热量输入为 20 kW，塔顶回流比设为 0。

经过模拟计算，可以得到图 8.7。图 8.7 是塔釜各个物料质量的变化曲线。可以看出，甲苯和水的质量几乎线性下降。我们知道，甲苯和水在常压下有共沸现象，所以在常压下塔顶的馏分是甲苯和水的共沸物。因为共沸物的组成在常压下是固定的，所以，塔釜的甲苯和水几乎按照共沸组成线性下降。图 8.8 是分相器里的物料变化。因为轻相（甲苯相）全部回流，而且甲苯和水的互溶度很低，所以分相器里几乎只有水。图 8.9 是塔顶冷凝器回流罐里

Stream No.	100
Stream Name	Pot Charge
Temp C	84.073
Pres bar	1.01325
Vapor Fraction	0
Enthalpy kW	-399.519
Total flow	549.9998
Total flow unit	kg
Comp unit	weight frac
Water	0.1800001
Toluene	0.8199999

图 8.6　甲苯/水简单蒸馏的设置

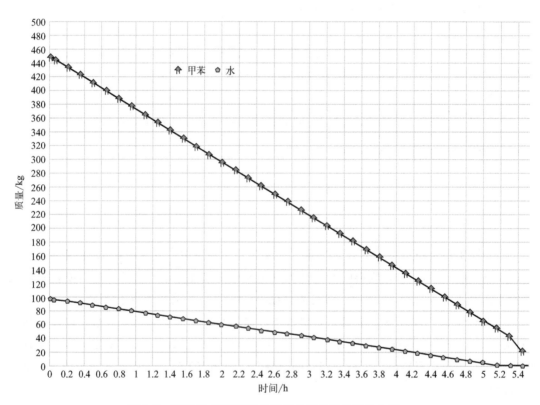

图 8.7　甲苯/水普通蒸馏的塔釜各组分质量变化曲线

的质量变化。因为重相已经被全部采出，所以回流罐里几乎全是甲苯，这也符合这个分离体系的性质。最后一个图 8.10 是塔釜的温度变化。可以看到，在绝大部分时间里塔釜的温度都维持在 84 ℃，这和常压下甲苯/水的共沸温度是一致的。只有当塔釜里的水分全部蒸发走以后，塔釜的温度才开始急速上升。此时，塔釜里几乎只剩下甲苯，而甲苯的沸点比水高得多，所以温度才会急剧上升。

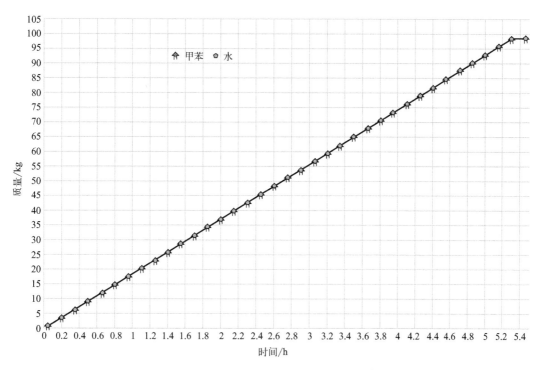

图 8.8　甲苯/水普通精馏的分相器里各组分质量变化

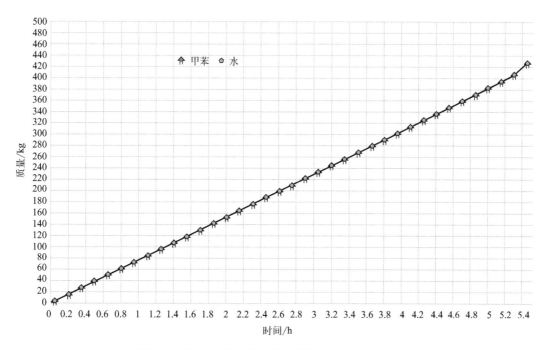

图 8.9　甲苯/水普通精馏的回流罐各组分质量变化

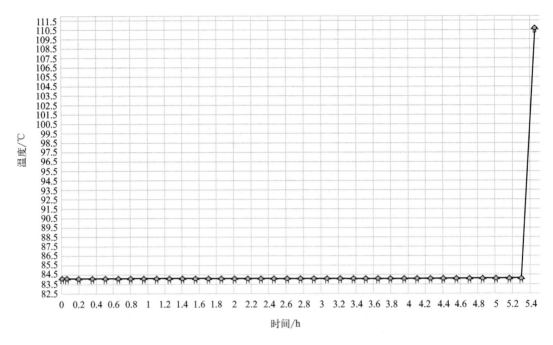

图 8.10　甲苯/水普通精馏塔釜温度的变化

这样，通过简单的设置，就可以对多相的简单蒸馏进行模拟计算，从而指导实际的生产过程。在制药领域里，溶剂的回收大部分采用类似于本案例介绍的简单蒸馏模式，即对于含有溶剂的物料直接在反应釜里加热，然后在反应釜上方的冷凝器里对溶剂进行冷凝回收。

（2）案例 2：间歇共沸精馏，指定塔釜再沸器的输入热量

某精细化工公司需要在乙酸乙酯反应粗品里回收乙酸乙酯，要求收率和纯度都达到最高。间歇塔釜的体积是 2 m^3，除了乙酸乙酯，混合物里含有质量分数 7％的甲醇和 3％的水。

在进行模拟计算之前，需要首先考察该物系的相图，看是否有任何特殊性质需要注意，比如是否存在共沸、是否存在 2 个液相、分离是否可行等等。

因为该混合物系含有 3 个组分，考察体系的三元剩余曲线最合适。采用 NRTL 模型，Chemcad 可以计算出该体系在常压（1.01 bar）下的三元剩余曲线，如图 8.11 所示。可以看出在常压下该体系里有 2 个二元共沸物。一个是乙酸乙酯/水的共沸物，其共沸组成为8.4％的水和 91.6％的乙酸乙酯（质量分数，余同）；另外一个是甲醇/乙酸乙酯的共沸物，其共沸组成为 46.3％的甲醇和 53.7％的乙酸乙酯。这 2 个共沸物组成的连线把整个相图分成 2 个精馏区域。初始物料的组成在相图左边靠近纯乙酸乙酯的三角形精馏区域。比较这个精馏区域的 3 个顶点的温度，最低的是甲醇/乙酸乙酯的共沸物，沸点是 62.2 ℃，然后是水/乙酸乙酯的共沸物，沸点是 71.5 ℃，最高的是纯的乙酸乙酯，其沸点是 77.06 ℃。可以

想象，如果对混合物进行精馏操作，塔顶的馏分必然是低沸点的共沸物，想得到纯的乙酸乙酯，只能在塔釜获得。

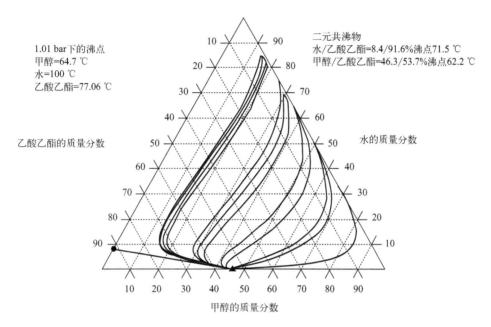

图 8.11　甲醇/水/乙酸乙酯在 1 bar 下的三元剩余曲线

因为乙酸乙酯和水在常温下不能完全互溶，可以想象，在精馏过程中可能有 2 相存在，所以气液平衡模型采用可以处理两个液相的 NRTL 模型，而物流的焓值计算采用液体的潜热方法。

总体流程的相选择里选择 V/L/L/S 选项，如果在计算过程中有两相液体存在，软件可以自动识别。

为了尽可能提高产品乙酸乙酯的收率，降低塔顶共沸馏分里乙酸乙酯的损失，决定采用高压精馏操作。在 10 bar 的操作压力下的三元剩余相图如图 8.12 所示。在 10 bar 的条件下，2 个共沸物里的乙酸乙酯的含量都比常压下低得多，所以在高压操作条件下，塔釜收集到的乙酸乙酯收率会提高。

确定了操作压力和精馏方案以后，在 CC-Batch 模块里对精馏模拟进行设置（如图 8.13 所示）。操作压力设定为 10 bar，然后输入混合物的体积分数和质量分数，这样软件可以自动计算出混合物里各个组分的质量和物质的量。设定气相分率为 0，通过闪蒸计算得到混合物的泡点温度为 145.3 ℃。这个闪蒸计算非常重要，因为它决定了如果需要在 10 bar 下对物料进行精馏操作，加热介质最低的操作温度必须大于泡点温度，否则，根本无法使物料沸腾。这为选用何种公用工程以及公用工程的操作压力提供了依据。

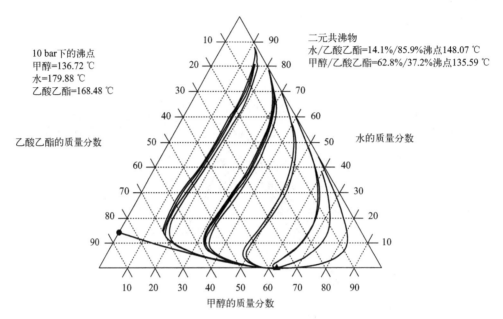

10 bar下的沸点
甲醇=136.72 ℃
水=179.88 ℃
乙酸乙酯=168.48 ℃

图 8.12　甲醇/水/乙酸乙酯在 10 bar 下的三元剩余曲线

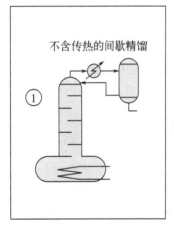

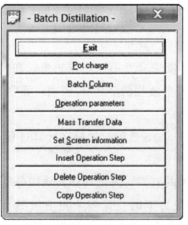

图 8.13　甲醇/水/乙酸乙酯间歇精馏过程的进料

① 精馏塔的设置如图 8.14、图 8.15 所示。

总理论板数（包括塔顶冷凝器和塔釜再沸器）：　　　　12

塔顶操作压力：　　　　10 bar

精馏塔持液量：　　　　冷凝器 15 L，每块塔板 5 L

本次的模拟计算只包括 1 个操作步骤，而且为了使计算更容易收敛，阻尼系数选取了 0.667，而不是缺省值 1.0。降低阻尼系数会增强计算过程的稳定性，使模拟不容易发散。

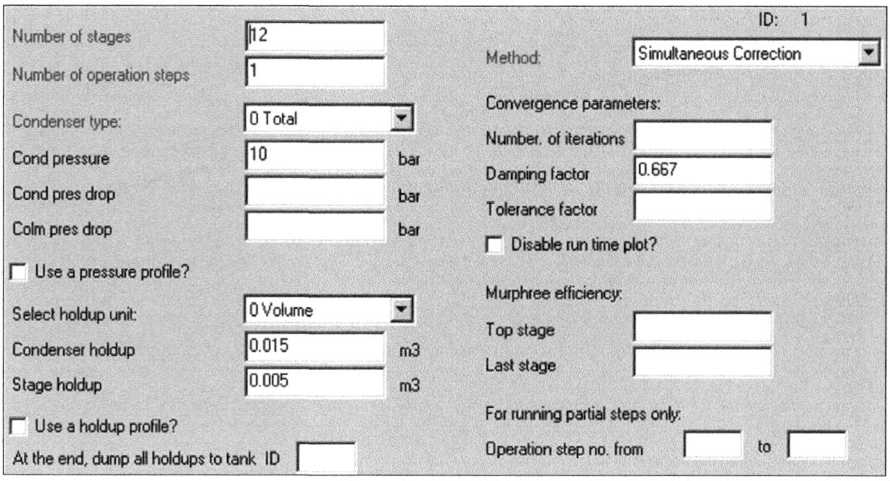

图 8.14　甲醇/水/乙酸乙酯间歇精馏过程操作条件设置

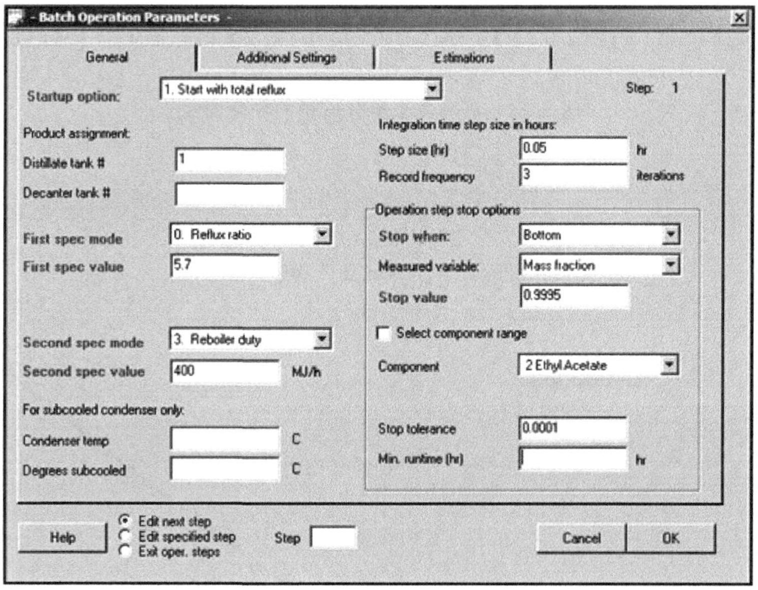

图 8.15　甲醇/水/乙酸乙酯间歇精馏过程独立变量的设置

　　模拟计算从系统在全回流下已经建立起来以后开始，设定了 2 个独立的操作变量。一个是回流比，设定为 5.7；另外一个是塔釜加热量，设定为 400 MJ/h。计算终止的条件是塔釜里乙酸乙酯的质量分数大于 0.9995。

　　② 模拟计算结果。CC-Batch 在运行 6 h 后，达到终止条件，计算结束。前面已经提到，因为计算是从系统建立全回流以后开始的，所以前述的加料、加热、全回流过程的时间并没有包含在里面。精馏过程中的工艺参数随时间的变化曲线在图 8.16～图 8.18 中显示。通过这些曲线，可以为实际生产提供可靠的依据。

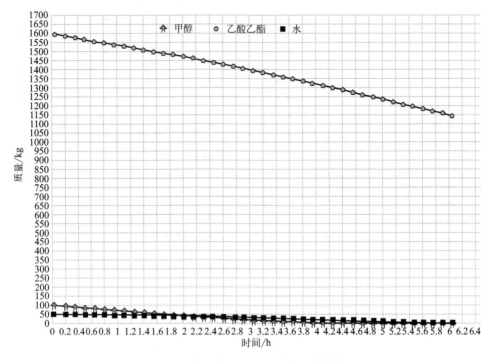

图 8.16　塔釜各个组分质量的变化曲线

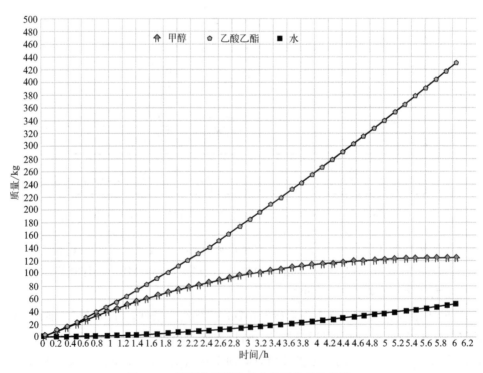

图 8.17　塔顶收集罐各组分的质量变化曲线

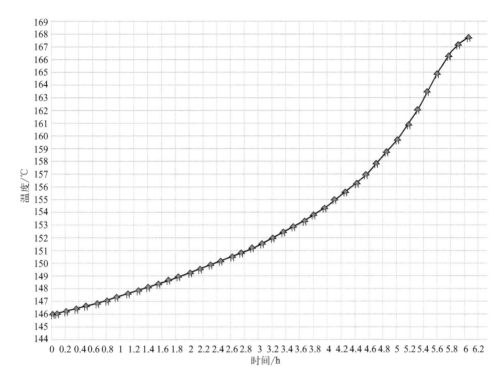

图 8.18　塔釜温度的变化曲线

比如，从图 8.17 可以看出，为了达到塔釜里乙酸乙酯纯度的要求，大约有 421 kg 的乙酸乙酯会在塔顶收集罐里损失。那么计算得到的乙酸乙酯的收率为 74%。

图 8.18 显示最终的塔釜温度是 168 ℃，但是这是在塔釜指定的加热量总是能够满足的条件下的情况。再沸器的换热器的换热面积是否足够，以及换热介质能否提供指定的热量，需要根据模拟计算的塔釜温度和物料的性质进一步确定。

（3）案例 3：采用动态模拟模块进行间歇精馏，塔釜进行严格的传热计算

案例 2 里，乙酸乙酯的回收采用的是 CC-Batch，这是 Chemcad 里一个简化的间歇精馏模块。对于一个相对简单的间歇精馏过程的模拟，它非常方便和高效。但是，对于体系复杂或者操作条件复杂的间歇精馏过程，就需要用到动态模拟。这个案例里，我们利用 Chemcad 里的动态模拟模块 CC-Dynamics，直接对该过程进行严格的模拟计算。

系统的组分、热力学模型和案例 2 完全相同。精馏塔的塔釜再沸器采用一个带夹套的搅拌反应器来表征，其材质、尺寸和体积和实际的塔釜容器相同。

精馏塔的塔节采用 Chemcad 里的严格精馏塔计算模块 SCDS，不包括塔釜再沸器和塔顶冷凝器。同样采用 12 块理论塔板，板效率设置为 100%。塔顶冷凝器采用全凝器，冷凝温度设置为露点温度。

塔顶冷凝液的回流罐和馏分收集罐采用 Chemcad 里的动态容器来表示。设置过程中，动态容器的材质、尺寸和摆放的形式和实际的回流罐和收集罐完全相同。

塔釜再沸器的加热介质采用 12 bar 的饱和蒸汽，蒸汽的出口管线的压力设为 4 bar。选

中物流, 点击右键可以得到该流股的物性信息, 如图 8.19 所示。可以看到, 蒸汽进出口的焓值的差值为 436 MJ/h, 这是蒸汽提供给再沸器的热量。

Stream No.	1	2
Name	Steam 12 ba	Condensate
- - Overall - -		
Mass flow kg/h	200.0000	200.0000
Temp C	187.9658	143.6125
Pres bar	12.0000	4.0000
Vapor mole fra	1.000	1.000E-006
Enth MJ/h	-2635.4	-3071.8
Flow rates in k		
Methanol	0.0000	0.0000
Ethyl Acetate	0.0000	0.0000
Water	200.0000	200.0000

图 8.19　塔釜再沸器加热蒸汽进出口的流股数据

整个动态模拟流程在图 8.20 中显示。

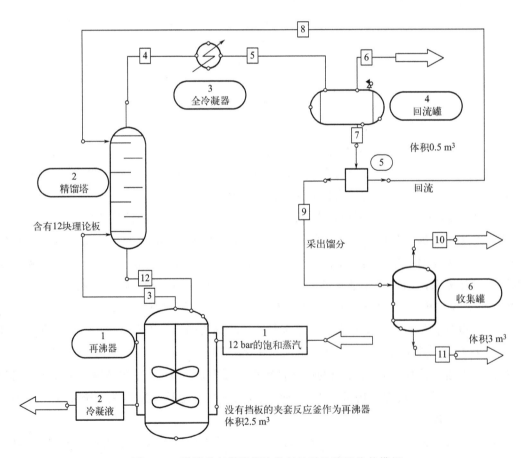

图 8.20　采用动态模拟模块进行乙酸乙酯回收的模拟

为了对再沸器的传热进行严格的计算，除了设定加热介质的性质和流量，还需要在软件里设定再沸器的设备结构和进出物料的信息。

首先，设定精馏塔里加入的初始物料及其状态。在图 8.21 中，操作压力是 10 bar，加入 2 m^3 的甲醇/水/乙酸乙酯混合物，初始温度为 20 ℃。然后，在反应器设置里，选择操作压力也是 10 bar。因为使用反应器来表征再沸器，所以不包含任何反应动力学。反应器的加热模式采用温度随时间的变化即可（图 8.22）。精馏塔节的底部液体出料作为再沸器的进料，而再沸器的蒸汽从反应器顶部进入到精馏塔节，作为精馏的推动力。这和实际的釜式精馏再沸器的型式是完全相同的。

Stream No.	112
Stream Name	**Charge**
Temp C	20
Pres bar	10
Vapor Fraction	**0**
Enthalpy MJ/h	**-10652.2**
Total flow	**1.99968**
Total flow unit	**m3**
Comp unit	**weight frac**
Methanol	0.07
Ethyl Acetate	0.9
Water	0.03

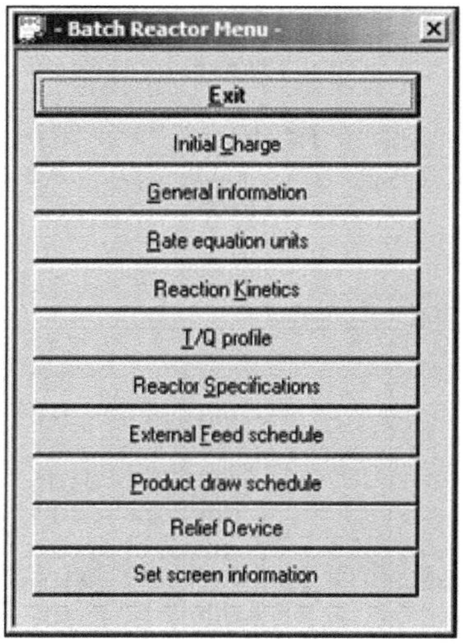

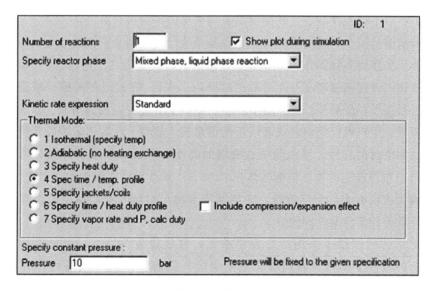

图 8.21　塔釜再沸器的设备和进料设置

图 8.22　塔釜再沸器的工艺条件设置

为了能更好地模拟实际的再沸器的传热性能，可以输入实际的塔釜再沸器的设备信息，如图 8.23 所示。间歇塔釜的体积为 $2.5\ m^3$，直径为 $1.4\ m$，所用的材质和厚度以及其热传导系数都可以输入软件。在实际的釜式再沸器中是没有搅拌装置的，采用反应釜来替代再沸器可以选择一个合理的搅拌直径和搅拌速度来调整再沸器的换热系数，使得换热速率为设定的 $400\ MJ/h$。

Reboiler Data and Conditions		
Reactor Volume	m3	2.5
Reactor Diameter	m	1.4
Wall Thickness	m	0.015
Wall Density	kg/m3	7000
Wall Cp	kJ/kg-K	0.42
Wall Thermal Conductivity	W/m-K	48
Impeller Diameter	m	1.3
Impeller Speed	Hz (1/sec)	2.0
Motor Power	MJ/h	3.6
Reflux Ratio	Fixed	5.7

Jacket Services Heat Exchanger Conditions		
Steam Pressure	bar	12
Steam Flow	kg/h	200
Jacket Volume	m3	0.6
Jacket Height	m	1.4
Jacket Annulus	m	0.015
Inlet Diameter	m	0.1
Maximum Heat Transfer Area (2.2 m3)	m2	6.0
Heat Transfer Coefficient	W/m2-°K	1100
Exchanger Duty Mean	MJ/h	400

图 8.23　塔釜再沸器的设备信息

接下来设置塔节，在动态模拟环境下，首先输入塔板数 12，操作压力 10 bar。塔节不包含冷凝器，所以不设置冷凝器。精馏模型采用常规的平衡级计算方法。

在前述的精馏模拟中，精馏塔的初始状态是系统已经达到全回流的稳定状态。在本次动态模拟中，为了更接近实际操作，精馏塔节的初始状态设置为"干塔状态"，即所有的塔板都没有任何液体。设置精馏塔在开车阶段的时间为 1.5 h。在这段时间里，塔釜蒸汽进入夹套加热物料进行蒸发，然后蒸汽进入塔节，蒸汽逐级上升冷却，充满塔板。根据精馏塔是填料塔还是筛板塔，用户可以把填料或者塔板的信息输入软件。本案例采用浮阀塔板，塔板的详细信息，比如塔盘的直径、塔板间距、围堰的高度、塔板的厚度和材质都可以输入软件里。Chemcad 会按照设定的每块塔板的体积 $0.05\ m^3$ 来计算每块塔板的实时持液量和组成。塔板的气相因为占比很小，予以忽略。在精馏塔节的出口端的冷凝器里，设置气相分数为 0.0001，这样就得到露点温度和组成。

冷凝器之后的回流罐 4 采用动态容器单元，直径设置为 0.6 m，长度为 1.8 m，在 10 bar 和绝热的条件下操作。回流罐初始是空的，随着冷凝的不断进行，其液位不断上升。在本案例里设置一个最高液位，当液体的液位超过这个最高液位的时候，回流罐里的馏分进入分流器 5。在分流器里有 2 股出料，1 股是馏分采出，进入馏分收集罐 6，另外 1 股回到精馏塔节的第 1 块塔板。设置这 2 股出料的流量或者比例，就可以确定精馏塔的回流比。对于本案例，回流比是 5.67，所以回流和采出的流量按照 0.85 和 0.15 的比例设定。

存储采出馏分的馏分罐 6 同样采用动态容器单元，所以软件可以计算出馏分罐实时的液位、组成、体积等信息。馏分罐设置为直径 1.4 m，高度 2.0 m 的立式储罐，初始也是空的。

这样，所有的设备设置就完成了。

最后需要对动态模拟的时间和步长进行设定。模拟时间和步长可以根据工艺的要求和需要达到的精度进行调节。本案例里模拟的步长设定为 1 min，总模拟时间为 3 h。如果想观察任何设备或流股的信息，比如温度、压力、组成等信息，可以在实时图表里进行设定，这样就能保证软件在计算的过程中，把模拟得到的数据进行实时绘制，帮助操作人员了解模拟的实时过程，或者在系统报错的时候尽快地找到可能发生错误的原因。

点击从初始状态运行，动态模拟模块开始运行，到运行 3 h 后结束，整个的流程模拟的时间为 1~2 min。

运行完毕后的曲线图是最直观地考察精馏过程的工具，下面是选取的几个最重要的曲线图。

图 8.24 是计算得到的精馏塔釜的釜内温度和夹套温度。可以看到，在 80 min 前，釜内的物料温度从初始的 20 ℃逐步加热到 145 ℃，然后温度上升的速度开始变缓，最后阶段达到平稳。这表明 80 min 前只是简单地对物料加热，到达泡点以后，物料开始沸腾。145 ℃的拐点值和案例 2 里的物料闪蒸计算得到的泡点值非常接近。随着精馏的进行，轻组分不断被蒸发出去，塔釜物料的沸点升高，所以塔釜温度持续上升，等到大约 320 min 的时候，塔釜里的轻组分（甲醇和水）已经全部被蒸发走了，塔釜内只留下几乎纯的乙酸乙酯，所以塔釜的物料温度开始维持稳定不变的状态。

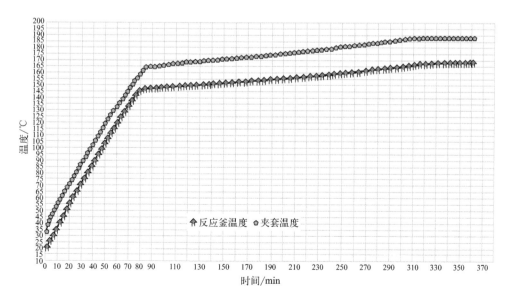

图 8.24　精馏塔釜内和夹套的温度变化

上述的这些变化同样可以在图 8.25 显示的塔釜组成的曲线中得到证实。前 80min，所有 3 个组分的质量都没有变化，直到 80min 的时候，甲醇/水和乙酸乙酯都开始下降。这显然是物料蒸汽引起的。

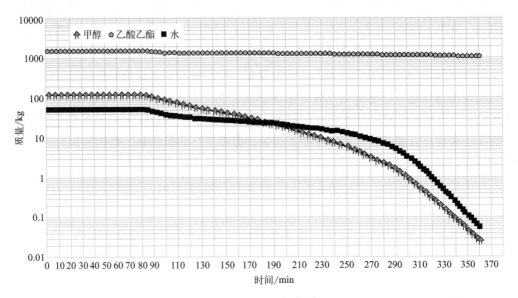

图 8.25　精馏塔釜内物料质量的变化

图 8.26 是馏分收集罐 6 里各个组分质量的变化。可以看到，在大约 95 min 之前，馏分收集罐里没有任何物料。这段时间里，塔釜物料一直被加热，还没有到达馏分收集罐。这和之前设定的 1.5 h 的开车时间是吻合的。另外也可以看到，为了去除水和甲醇，一部分乙酸乙酯也随着馏分罐损失了。

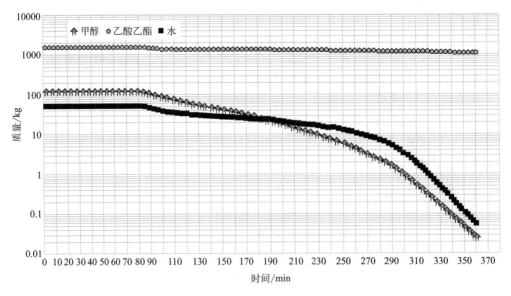

图 8.26　馏分收集罐内物料质量的变化

因为动态模拟是根据设备参数严格地计算，所以即使是一些不常见的参数变化也能通过计算准确地获得。图 8.27 是塔釜再沸器的换热面积随时间的变化。首先，在空塔釜里加入 $2\ m^3$ 的物料，此时塔釜内的换热面积大约在 $5.4\ m^2$。随着釜内物料不断被加热，物料的体积增大，所以高度会增加，这会导致和夹套的接触面积增大，进而导致换热面积增大。到大概 40 min 的时候，虽然物料还没有沸腾，但是因为有蒸气压，部分物料会挥发离开塔釜，这就导致塔釜的液位不再继续上升，塔釜内的物料总体积基本维持不变，直到塔釜内物料沸腾，大量的物料被蒸发，使得塔釜内液体总量下降，换热面积才持续降低。

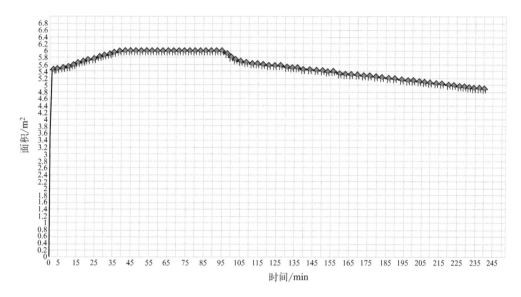

图 8.27　精馏塔再沸器换热面积的变化

图 8.28 是塔釜物料的黏度随时间的变化曲线。初始物料的黏度在 $0.0005\ N\cdot s/m^2$，也就是大约 $0.5\ cP$（$1\ cP=10^{-3}\ Pa\cdot s$）。随着塔釜温度的升高，物料的黏度逐渐降低。在本案例里，因为物料黏度一直都很低，所以它对传热的影响不大。但是，对于其他的体系，比如高分子反应物料，其黏度随反应变化很大，这就对传热产生非常大的影响，必须在换热计算中予以考虑。

在本案例中，因为加入了完整的设备信息，所以一些以前只能简化的过程，比如精馏塔开车过程，都可以进行完整和严格的模拟计算，这为精馏开车阶段的进一步优化提供了重要的数据支持。

然而本案例中的计算还有一些不足，最重要的是缺少控制器。比如，精馏塔的回流比是固定的，塔釜再沸器的蒸汽流量也是固定的，不能根据工艺条件进行调节。在实际生产中，尤其是随时间变化的间歇过程，为了达到最优的生产条件，对重要的工艺参数进行调节是不可或缺的。

一个间歇精馏过程，其操作和控制是密不可分的。过程优化的一个重要的指标是尽可能缩短操作时间，提高效率。为了缩短操作时间，精馏操作必须尽可能在精馏塔的最大气相和液相负荷极限的条件下进行。一个精馏塔的气相和液相负荷是由塔釜的加热量或者精馏塔的

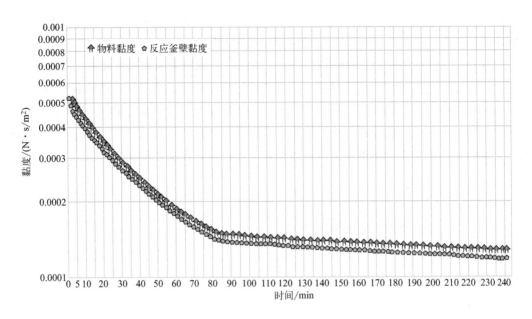

图 8.28 精馏塔再沸器物料黏度的变化

压差决定的。这就要求塔釜的加热量在保持不发生液泛的情况下尽可能维持在最高的水平。但是，间歇精馏过程不是稳态的，塔釜组分会随着时间逐渐变化。因为不同组分的蒸发热不同，为了保持蒸发量的稳定，塔釜的加热量也需要随着精馏过程的进行调整。

在间歇精馏中，为了保持塔釜的蒸发量维持在最高值常用的有两种方法。一种是增加塔釜的加热量。如果使用蒸汽，则会增加蒸汽的流量和压力。另外一种是维持塔釜加热量不变，逐渐降低操作压力。低压下，物料的沸点降低，增大了传热推动力。在制药和精细化工过程中，因为物料有热敏性或者长时间在高温下会产生很多的高沸物影响产品质量，根据工艺过程逐步降低操作压力是一个有效的方法。

另外一个提高收率、缩短精馏时间的方法是尽可能降低回流系统的持液量。回流系统里的持液不能作为产品进行收集，只能作为中间过渡馏分收集起来留待下一批再进行精馏处理。除非是进行多相共沸精馏操作，我们需要一个回流罐同时也作为分相器使用，否则需要尽可能缩小回流罐的体积，甚至取消回流罐，这在多产品间歇精馏里更为重要。如果利用一个间歇精馏塔提纯收集多个产品，那么在收集每个产品的纯品之前都会有一个中间过渡馏分。如果回流罐很大，那么中间过渡组分就会很多，产品的收率就会大大降低。在切换产品的时候，一般是需要根据塔顶温度的范围进行调整，引导采出的馏分去不同的馏分罐。

在精馏塔操作压力固定的情况下，塔釜和塔顶的温度和其组成是相对应的。因为温度更容易测量和控制，所以一般采用温度来对精馏过程进行控制。如果产品的沸点比较高，留在塔釜里，就如同案例 2 里的乙酸乙酯，工厂里的常规操作是持续在塔顶采出馏分，直到塔釜的温度达到某个设定值。此时，塔釜温度达到了，也就意味着塔釜的组成达到要求了。如果产品的沸点比较低，会在塔顶采出，为了增加产品的回收率，需要通过持续增加回流比来维持塔顶产品的温度，因为温度固定了，其组成就固定了。直到回流比不能继续增加来维持塔顶的温度了，塔顶温度开始上升，这个阶段的精馏就结束了。这是多组分混合物精馏最常用的精馏策略。在实际的工业生产中，一般会给出一个温度的范围，在这个温度范围内采集的馏分作为产品。

在进行工艺过程控制之前，需要首先对工艺参数进行测量。最重要的工艺参数包括塔顶和塔釜的温度、压力、回流流量或采出流量、液位等等。

下面我们使用控制器对 3 种间歇精馏中最常用的操作策略中的 2 种进行严格的动态模拟，另外一个恒塔顶组成的模拟留给读者作为练习。希望这些例子对读者以后的间歇工艺流程开发和优化中提供一些有用的指导。

（4）案例 4：使用控制器调节塔顶回流比

本案例里，需要分离的体系和案例 3 完全相同，包括组分和热力学模型。为了更好地模拟实际的工艺过程，我们加入了 3 个控制回路，包括塔釜再沸器蒸汽的流量控制，FIC 01；塔顶回流罐的液位控制，LIC 01 和回流液流量控制，FIC 02（图 8.29）。

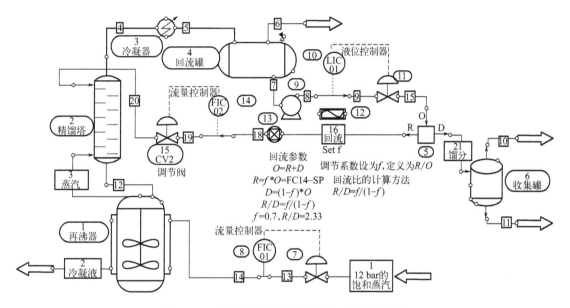

图 8.29 采用控制器调节塔顶回流比的间歇精馏

我们采用最常用的 PID 控制回路。它包含 3 个可以调节的参数去缩小工艺设定值和实际工艺参数读数的差值，同时保证控制的稳定性。这 3 个参数分别是比例控制项，P；积分控制项，I；微分控制项，D。在 Chemcad 里，控制器的输出信号，通常是 mA，通过方程式（8.8）根据工艺参数的设定值和测量值的偏差进行计算。需要注意，传统控制理论里，积分时间和微分时间单位都是 s，但是在 Chemcad 里是 min。

$$P_{out} = \frac{100}{P} \times \left(e + \frac{1}{T_i} \times \int e\, dt + T_d \times \frac{de}{dt} \right) + P_0 \tag{8.8}$$

式中，P_{out}——控制器输出，mA；

$\quad\ P_0$——稳态下的控制器输出，mA；

$\quad\ P$——比例带，%；

$\quad\ T_i$——积分时间，min；

T_d——微分时间，min；

e——参数设置值和测量值的偏差。

由斜坡控制器12对调节器13进行调节，使其输出一个调节系数 f，变化范围为0～1。这个调节系数乘以塔顶冷凝液的流量就决定了回流量，同时也决定了馏分采出量。其余控制器的相关参数在表8.4中表示。

塔顶冷凝器的操作条件设置为气相分率为0，即塔顶蒸汽的露点温度。为了降低能量消耗，塔顶冷凝器应该避免过度冷却。

表 8.4　案例 4 控制器的相关参数

控制变量	测量范围	P 比例/%	T_i 积分时间 /min	T_d 微分时间 /min	控制阀 C_v/ 额定行程
塔釜再沸器蒸汽流速 FIC 01	0～1500 kg/h	150	3	0	15/33
回流罐液位 LIC 01	0～2 m	25	15	0	4.5/33
回流液流速 FIC 02	0～1500 kg/h	125	5	0	3.0/33

设定好模拟时间和步长，然后进行动态模拟，得到如下的结果：

图 8.30 是计算得到的塔顶回流罐的液位曲线。可以看出，在目前的操作条件下，需要 95 min 回流罐的液位才能达到稳定状态。所以，在模拟设置中，首先设定调节系数为 0.99，即全回流至 96 min，然后再线性降低到 0.85（即回流比为 5.67），持续 30 min 后，保持这

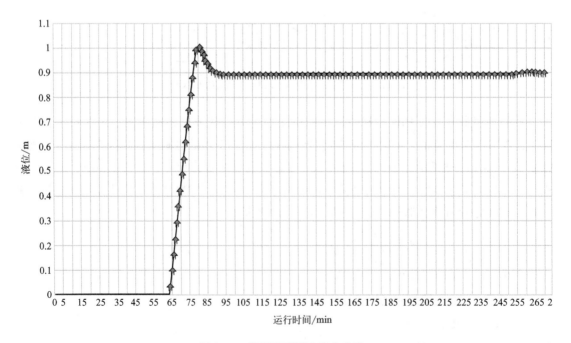

图 8.30　塔顶回流罐的液位曲线

个回流比直到结束。

图 8.31 和图 8.32 分别是塔釜再沸器里各组分的组成和质量的变化曲线。因为回流罐的存在，增加了中间过渡馏分的量，所以塔釜里乙酸乙酯的含量达到分离要求（0.99）时，大约 135 kg 的乙酸乙酯会在回流罐里，无法进行回收。从图 8.32 看，到塔釜的乙酸乙酯纯度满足要求，共可收集 1160 kg 的乙酸乙酯，这样计算得到的收率为 71.7%。从图 8.33 看，在全回流建立的初期，乙酸乙酯的浓度更高，所以如果想尽可能地提高乙酸乙酯的回收率，可以设置一个中间过渡馏分罐，把 65～85 min 这段全回流建立过程中的乙酸乙酯含量很高的过渡馏分收集起来，然后加入到下一批再次进行精馏回收。如果想进一步提高收率，或者降低精馏时间，也可以把这个中间过渡馏分积累足够的量以后单独进行精馏。

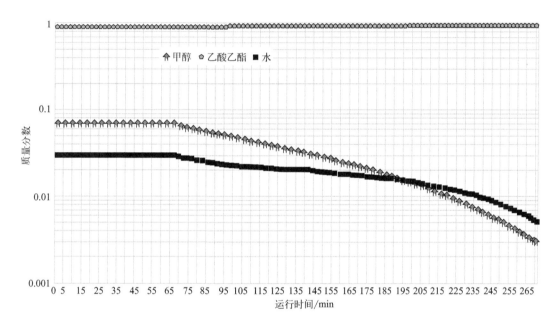

图 8.31　塔釜再沸器组分的质量分数曲线

从图 8.34 的馏分收集罐各组分的质量变化可以看出，为了满足塔釜乙酸乙酯的纯度要求，有大约 260 kg 的乙酸乙酯在馏分罐里损失了。另外，因为塔节里塔板的持液会在精馏结束后回流到再沸器，这部分的量有大约 67 kg，这样乙酸乙酯的总收率大约为 76%。

在本次模拟中，塔釜再沸器的蒸汽流量设置为 200 kg/h，这样能给出 400 MJ/h 的稳定热量。塔釜再沸器的温度变化在图 8.35 中显示。因为塔顶回流比的降低，塔釜的蒸发量一直稳步上升（图 8.36）。图 8.37 是加热过程中加热侧、物料侧及总换热系数的变化曲线。加热侧（即蒸汽侧）的换热系数为 5600 W/(m² · K)，物料侧为 3000 W/(m² · K)，而总的换热系数为 1100 W/(m² · K)。这些参数为再沸器面积的设计提供了宝贵的基础数据。

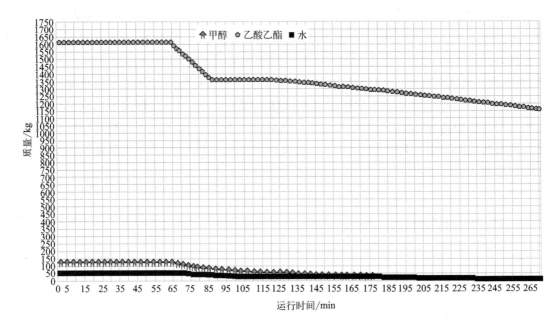

图 8.32　塔釜再沸器组分质量曲线

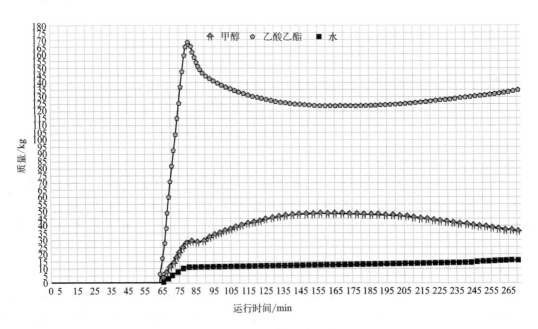

图 8.33　塔顶回流罐组分的质量

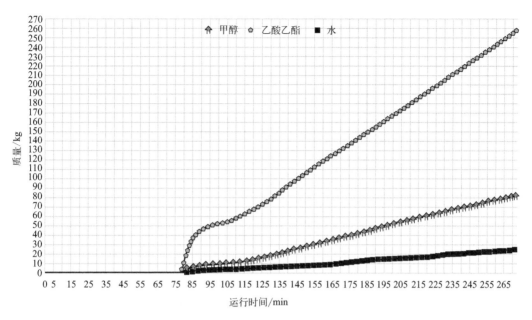

图 8.34　馏分收集罐各组分的质量

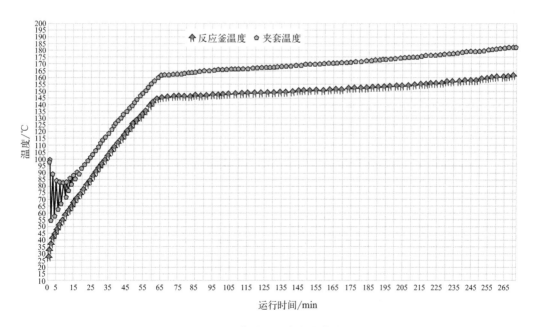

图 8.35　再沸器的温度变化曲线

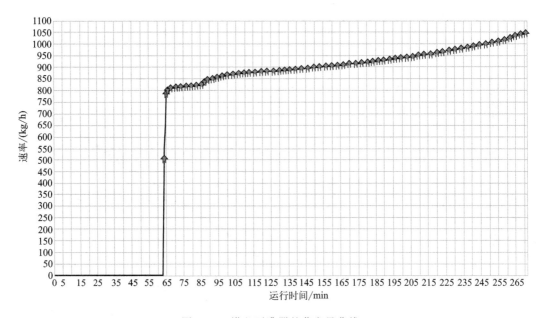

图 8.36　塔釜再沸器的蒸发量曲线

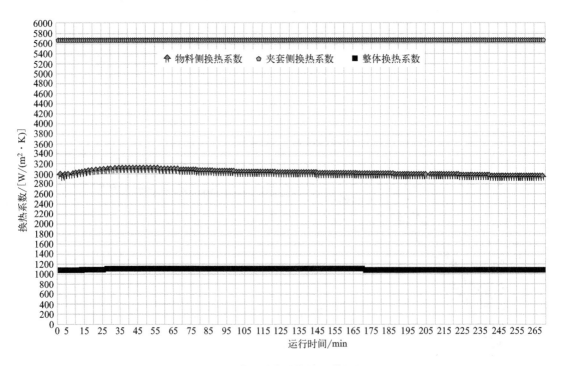

图 8.37　塔釜再沸器换热系数的变化

图 8.38 是精馏过程中塔釜再沸器物料的物性随时间的变化曲线。随着轻组分的去除，塔釜物料的比热容逐渐增加。等到塔釜里乙酸乙酯的纯度足够高的时候，比热容基本不变，这和实际情况是吻合的。釜内物料的黏度随着温度的不断上升而逐渐下降。这些物性数据在考察系统的传热和传质过程是必需的。

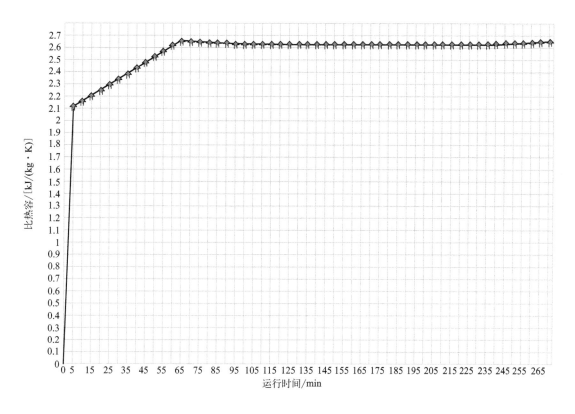

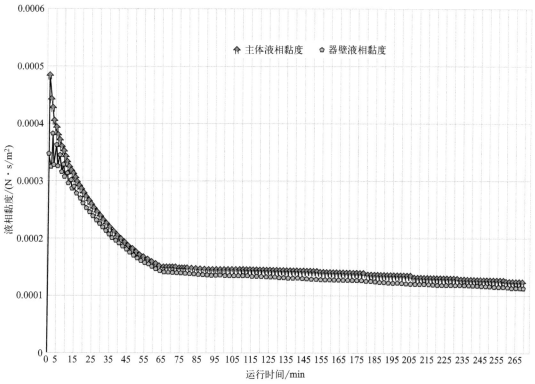

图 8.38　塔釜再沸器物料的比热容和黏度的变化曲线

（5）案例5：间歇精馏操作时间的最优化设计

在本案例中，待分离的物料、组分和热力学模型和案例3完全相同，但是为了降低乙酸乙酯的损失，取消了回流罐（图8.39）。本案例的最优化操作是保证精馏操作时间最小化，这就需要对操作过程进行优化。既然需要操作时间最短，那么在间歇精馏过程中塔釜的蒸发量需要一直保持在可允许压降的最高值。这可以通过固定加热蒸汽的通入量来确定。研究表明，通过采用固定馏分采出速率和固定塔顶组成相结合的策略，可以在一定的操作时间内得到最大的产品收率[58]。在本案例里，我们采用这种策略。在系统达到稳定的全回流的条件下，首先采用固定的馏分采出速率，此时塔顶馏分的轻组分占比很大。当塔釜里的轻组分已经基本去除以后，采用固定塔顶组成的方式（即通过增大回流比来保持塔顶组成的稳定），直到塔釜的组成达到分离要求，即乙酸乙酯的纯度大于0.99。

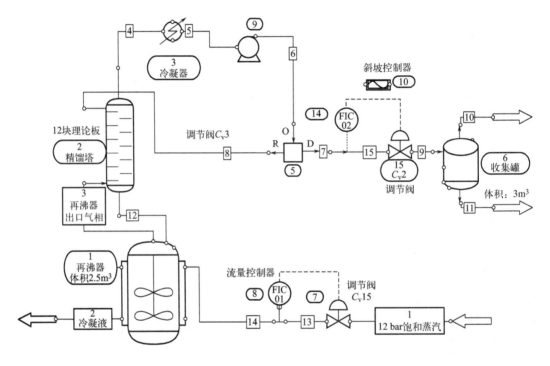

图8.39　最优化间歇精馏的流程图

本案例里设置了2个控制器。1个是塔釜再沸器的蒸汽流量，设置为可允许的最大值200 kg/h，这能够保证初始的塔釜蒸发量为800 kg/h。另外1个控制器是塔顶馏分的采出速率。控制器的相关参数如表8.5所示。通过一个斜坡控制，在塔顶达到全回流的稳定状态后（65 min），初始采出速率设置为500 kg/h，然后在105 min开始采出速率逐渐降低到50 kg/h，直到175 min后结束（图8.40）。需要提醒的是，Chemcad软件并没有自动进行优化的功能，读者需要根据工艺要求进行调节，以达到最优的效果。

表 8.5　案例 5 控制器的相关参数

控制变量	测量范围	P 比例 /%	T_i 积分时间 /min	T_d 微分时间 /min	控制阀 C_v/ 额定行程
塔釜再沸器蒸汽流速 FIC 01	0~1500 kg/h	150	3	0	15/33
馏分采出速率 FIC 02	0~1500 kg/h	150	1	0	3/33

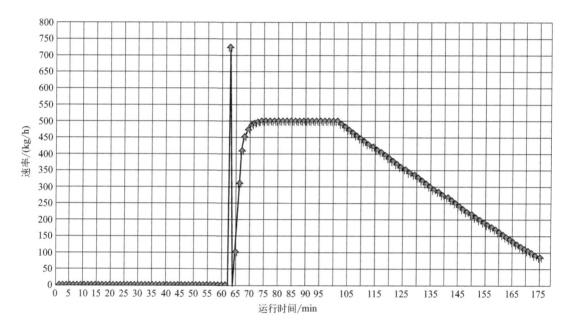

图 8.40　塔顶馏分采出速率

图 8.41 是相应的塔顶回流曲线。在前 63 min，塔釜物料在进行加热，塔顶没有回流。等到全回流建立起来以后，因为控制采出流速，回流速率也基本保持稳定。在 100 min 左右的时候，为了维持塔顶组成，回流速率逐渐增加，直到塔釜的组成满足分离要求。模拟计算中所有得到的中间过程和最终过程的数据都可以通过 excel 获取，然后根据需要进行相应的计算或作图。图 8.42 是根据回流量和采出量的数据，然后进行计算得到实时的回流比数据作图得到的。初始阶段的质量回流比保持在 0.44 左右，然后在塔釜里的轻组分很少的时候，回流比逐步增加以维持塔顶的产品组成稳定。到精馏操作结束的时候，回流比接近 6。

从塔釜组分的质量分数（图 8.43）和实际质量的变化曲线（图 8.44）看，塔釜满足纯度要求的质量是 1075 kg，再加上塔节持液 67 kg，最终的产品收率在 70.4%，比案例 4 的收率稍低，但是案例 5 的操作时间比案例 3 缩短了 52%，比案例 4 缩短了 35%。

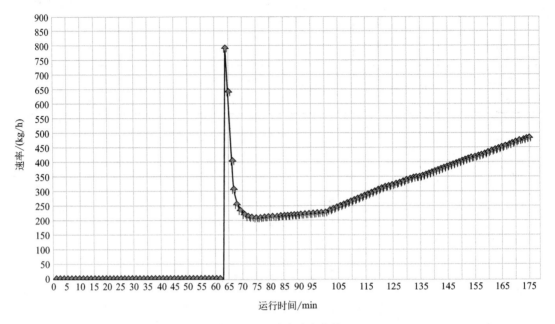

图 8.41　回流液速率曲线

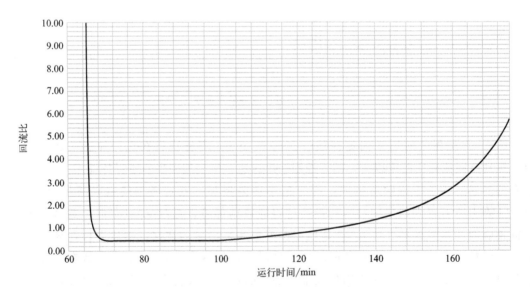

图 8.42　最短操作时间下的回流比变化曲线

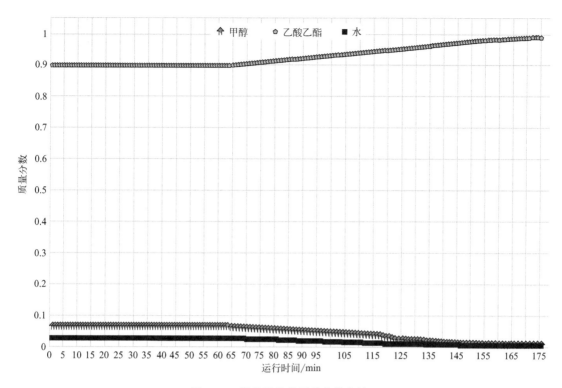

图 8.43　塔釜组分的质量分数曲线

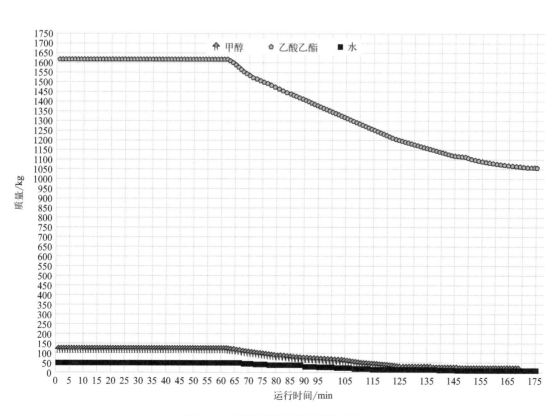

图 8.44　塔釜组分的质量变化曲线

如果优化的目的不是最小化操作时间，而是降低总的操作成本，就需要根据操作时间的成本、蒸汽的价格以及产品的价格等综合进行考虑，然后在软件中核算各种可能的情形，通过比较得到最优的操作条件。

第 9 章
总结和展望

在精细化工和制药过程中会涉及很多的新物质，或者因为分离不同的物质需要开发新的工艺过程，如果仅仅采用实验的手段，耗费的时间和精力是惊人的，而且并不能保证能解决所有的问题。计算机流程模拟正好可以弥补这个不足。在物料的热力学数据和其他物性数据完备的条件下，流程模拟可以快速地对分离过程的可行性进行评估。计算机模拟最大的优点是一旦模型建立起来，而且通过验证确认模型可以满足工程的要求，改变工艺参数获得新的操作条件的时间会非常短，通常只有几分钟，这样就可以对不同的操作条件进行大规模的计算，然后对最优工艺条件进行高效的筛选。

当应用流程模拟对某个间歇精馏过程的分离有足够的了解，接下来就可以采用严格的动态模拟，把和精馏相关的设备（精馏塔、再沸器、冷凝器、回流罐、接收罐等等）的尺寸信息以及相应控制器的控制参数输入软件中，然后利用软件对整个过程的细节进行精确的计算。这为未来的设备设计、设备评估、公用工程的需求、控制逻辑的选择、操作的稳定性、工艺过程的经济性的预测提供最直观准确的数据。

计算机模拟发展到今天已经非常完备，不仅仅对于间歇精馏的单元操作可以进行精确的模拟，即使是整个工厂的流程模拟也完全可以胜任。不论是连续过程，还是间歇过程，不论物料里面包含气体，液体，还是固体，也不论工艺过程是稳态的，还是非稳态的，目前主流的工艺流程模拟软件都可以进行严格的高精度的模拟仿真。

近年来逐步兴起的数字孪生（digital twin）技术，是传统过程模拟的延伸和拓展。所谓数字孪生就是在一个设备或系统的基础上，创造一个数字版的"克隆体"[59]。它最大的特点在于不仅是对于实体对象的动态仿真，而且和实体对象有交互作用，可以根据实体对象运行的历史数据的反馈进行优化和调整，从而使其更能真实地反映实体运行的状况，并能以此为依据进行对未来工厂运行和故障的预测。我们认为这种交互式的带有反馈性质的数字孪生技术将是未来 20～30 年内化学工业发展的方向。

最后需要说明，计算机模拟也不是万能的。虽然每个设备单元的质量和能量衡算都可以由相应的方程准确地表达，控制器的选择和整定也可以由软件来完成，但是物料的基础物性参数（沸点、密度、黏度、气液平衡常数、液液平衡常数等等）只能由实验来获取。即使 UNIFAC、PSRK、VTPR 等根据分子内集团贡献预测物性的方法取得了很大的成功，但是其局限性也很明显。图 9.1 是 2021 年 UNIFAC 联盟提供的最新的分子集团交互参数图，其中空白的部分是没有交互参数的基团，占比超过 50%。这就意味着有 50% 的分子基团的交互参数根本无法预测。剩余的 50% 已有交互参数的基团，其准确性还不能完全替代实验数据。未来通过分子结构来预测物性会进一步发展，但是这也离不开实验数据的验证和支持。

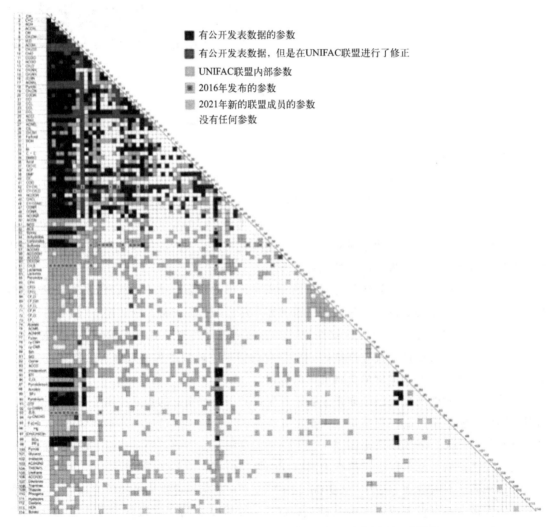

图 9.1 UNIFAC 联盟发布的 2021 年 UNIFAC 集团交互参数表

　　总之，实验和计算机模拟不是排他的，而是相辅相成的。对于间歇精馏而言，其设备和操作都相对简单，所以在实验室进行一些简单的物性参数的测量和分离过程的验证对于开发间歇精馏工艺往往是不可或缺的，并且是最为高效的方法。

参考文献

[1] Wu W，Yenkie K M，Maravelias C T. Synthesis and analysis of separation processes for extracellular chemicals generated from microbial conversions. BMC Chemical Engineering，2019. https：//link. springer. com/article/10. 1186/s42480-019-0022-8.

[2] http：//demonstrations. wolfram. com/ChemicalPotentialDependenceOnTemperatureAndPressure/.

[3] DeVoe H. Thermodynamics and chemistry. 2nd ed. https：//www2. chem. umd. edu/thermobook/.

[4] Hartwig G M，Hood G C，Maycock R L. Quaternary liquid systems with three liquid phases. J Phys Chem，1955，59 (1)：52-54.

[5] https：//www. e-education. psu. edu/png520/m16 _ p5. html.

[6] Koretsky M D. Engineering and chemical thermodynamics. 2nd ed. Hoboken：Wiley，2012.

[7] Koretsky M D. 随书附带软件// Engineering and chemical thermodynamics. Hoboken：Wiley，2012.

[8] Kamal I M. Aspen plus：Chemical engineering applications. 2nd ed. Hoboken：Wiley，2022.

[9] Gerber R P，Soares R P. Assessing the reliability of predictive activity coefficient models for molecules consisting of several functional groups. Brazilian Journal of Chemical Engineering，2013，30 (1)：1-11.

[10] Frutiger R P. Testing of vapor-liquid equilibrium data for thermodynamic consistency. Corvallis：Oregon State University，1963.

[11] Dahm K D，Visco P D. Fundamentals of chemical engineering thermodynamics. Melbourne：Cengage Learning，2015.

[12] https：//byjus. com/chemistry/azeotrope/.

[13] https：//sciencenotes. org/what-is-an-azeotrope-definition-and-examples/.

[14] https：//www. newworldencyclopedia. org/entry/azeotrope.

[15] Hilmen E K. Separation of azeotropic mixtures：Tools for analysis and studies on batch distillation operation. Trondheim：Norwegain University of Science and Technology，2000.

[16] Diky V，Chirico R D，Muzny C D，et al. ThermoData engine (TDE)：Software implementation of the dynamic data evaluation concept. 8. Properties of material streams and solvent design. Journal of Chemical Information & Modeling，2013，53 (1)：249-266.

[17] https：//aiomfac. lab. mcgill. ca/index. html.

[18] https：//www. chemstations. com/content/documents/Technical _ Articles/RESIDUE. PDF.

[19] Villiers W E D，French R N，Koplos G J. Navigate phase equilibria via residue curve maps. Chemical Engineering Progress，2002，98 (11)：66-71.

[20] Green D，Southard M Z. Perry's Chemical Engineer's Handbook. 9th ed. McGraw Hill，2018.

[21] http：//demonstrations. wolfram. com/SeparatingATernaryMixtureOfWater2PropanolAndAcetoneAtAtmosph/.

[22] Gmehling J，Kolbe B，Kleiber M，et al. Chemical thermodynamics for process simulation. Hoboken：Wiley，2012.

[23] Yang Y，Tjia R. Process modeling and optimization of batch fractional distillation to increase throughput and yield in manufacture of active pharmaceutical ingredient (API). Computers & Chemical Engineering，2010，34 (7)：1030-1035.

[24] Korovessi E，Linninger A A. Batch processes. Oxford：Taylor & Francis，2006.

[25] 徐崇嗣. 塔填料产品及技术手册. 北京：化学工业出版社，1995.

[26] 王树楹. 现代填料塔技术指南. 北京：中国石化出版社，1998.

[27] 张劲松、田冲、杨振明，等. 碳化硅泡沫陶瓷波纹规整填料及其制备方法：CN102218293A. 2011.

[28] Leveque J，Rouzineau D，Prevost M，et al. Hydrodynamic and mass transfer efficiency of ceramic foam packing ap-

plied to distillation. Chemical Engineering Science，2009，64（11）：2607-2616.

［29］ 陈伟良，高鑫，李洪，等．泡沫碳化硅波纹规整填料骨架结构对其传质性能的影响机理．化工进展，2023，42（5）：2289-2297.

［30］ https：//demonstrations. wolfram. com/RefluxPolicyForABatchDistillationOperationWithAConstantDisti/.

［31］ http：//www. vri-custom. org/pdfs/chapter6. pdf.

［32］ Gorak A，Sorensen E. Distillation：Fundamentals and principles. New York：Academic Press，2014.

［33］ Sorensen E，Prenzler M. A cyclic operating policy for batch distillation-theory and practice. Computers and Chem Eng，1997，21：S1215-S1220.

［34］ Stojkovic M，Gerbaud V，Shcherbakova N. Cyclic operation as optimal control reflux policy of binary mixture batch distillation. Computer and Chemical Engineering，2018，108：98-111.

［35］ Quintero-Marmol E，Luyben W L. Multicomponent batch distillation. 2. Comparison of alternative slop handling and operating strategies. I&E C research，1990，29（9）：1915-1921.

［36］ Biegler L T，Grossmann I E，Westerberg A W. Systematic methods of chemical process design. Upper Saddle River：Prentice Hall，1997.

［37］ Gmehling J，Menke J，Krafczyk J，et al. Azeotropic data. Part I and Part II. New York：VCH-Publishers，1994.

［38］ Kudryavtseva L，Toome M. Method for predicting ternary azeotropes. Chemical Engineering Communications，1984，26（4-6）：373-383.

［39］ Aucejo A，Martinez N，Burguet M C. Pilot plant distillation column：Experimentation and simulation. Valencia：Universitat de Valencia.

［40］ Li D，Gan Z，Vasudevan N K，et al. A molecular mechanism for azeotrope formation in ethanol/benzene binary mixtures through Gibbs ensemble Monte Carlo simulation. 2019.

［41］ Smith R. Chemical process design and integration. 2nd ed. Hoboken：Wiley，2016.

［42］ Rossi A R，Wolf-Maciel M R，Romanielo L L. Effects of mass transfer in residue curves and analysis of distillation boundary crossing. Separation Science and Technology，2015，50（4）：626-632.

［43］ Donis I R，Gerbaud V，Joulia X. Heterogenous entrainer selection for the separation of azeotropic and close boiling temperature mixtures by heterogeneous batch distillation. Ind Eng Chem Res，2001，40（22）：4935-4950.

［44］ "Entrainer Selection" software manual，DDBST.

［45］ Momoh S O. Assessing the accuracy of selectivity as a basis for solvent screening in extractive distillation processes. Sep Sci and Tech，1991，26（5）：729-742.

［46］ Luyben W L，Chien I. Design and control of distillation systems for separating azeotropes. Hoboken：Wiley，2010.

［47］ Gmehling J，Mollmann C. Synthesis of distillation processes using thermodynamic models and the dortmund data bank. Ind. Eng. Chem. Res. 1998，37（8）：3112-3123.

［48］ Lei Z G，Li C Y，Chen B H. Extractive distillation：A review. Separation & Purification Reviews，2003，32（2）：121-213.

［49］ Gerbaud V，Rodriguez-donis I，Hegely L. Review of extractive distillation. Process design，operation optimization and control. Chemical Engineering Research and Design，2018，141，229-271.

［50］ 邓友全．室温离子液体：新型介质与材料．兰州：中国科学院兰州化学物理研究所，2011.

［51］ 谈金辉，徐菊美，施云海，等．常压下乙醇-水-醋酸钾系统汽液平衡数据的测定与关联．化工学报，2020，71（8）：3444-3451.

［52］ Ligero E L，Ravagnani T M K. Dehydration of ethanol with salt extractive distillation—a comparative analysis between processes with salt recovery. Chemical Engineering and Processing：Process Intensification，2003，42（7）：543-552.

[53] 郭淳恺. 精馏-蒸汽渗透膜分离耦合脱水过程设计与控制. 天津：天津大学，2019.

[54] 魏金芹，肖峰，黄国强，等. 精馏与膜分离耦合脱水工艺的研究. 天津化工，2008，(04)：34-37.

[55] Levesque J. Process for concentration and extraction of acetic acid in aqueous solutions：US2313386A. 1943.

[56] Tang X. Surface thermodynamics of hydrocarbon vapors and carbon dioxide adsorption on shales. Fuel，2019，238：402-411.

[57] Stryjek R，Vera J H. PRSV：An improved Peng-Robinson equation of state for pure compounds and mixtures. Canadian Journal of Chemical Engineering，1986，64（2）：322-333.

[58] Converse A，Gross G D. Optimal distillate-rate policy in batch distillation. Ind Eng Chem Fundamen，1963，2（3）：217-221.

[59] 陈钢. 数字孪生技术在石化行业的应用. 炼油技术与工程，2022，52（4）：44-49.